山东省社科理论重点研究基地『孔子研究院中外文明交流互鉴研究基地』成果

尼山丛书·国学经典音注

《孝经》

《孝经》正音释读

刘续兵 总主编

刘续兵 刘敏 编注

山东教育出版社
·济南·

图书在版编目（CIP）数据

《孝经》正音释读 / 刘续兵，刘敏编注. -- 济南：
山东教育出版社，2025. 5. --（尼山丛书 / 刘续兵总主
编）. -- ISBN 978-7-5701-3698-8

Ⅰ. B823.1-49

中国国家版本馆 CIP 数据核字第 2025LS8603 号

NISHAN CONGSHU · GUOXUE JINGDIAN YINZHU
《XIAOJING》ZHENGYIN SHIDU

尼山丛书·国学经典音注 　　　　　　　　　　　刘续兵　总主编

《孝经》正音释读 　　　　　　　　　　刘续兵　刘　敏　编　注

主管单位：山东出版传媒股份有限公司

出版发行：山东教育出版社

　　　　地址：济南市市中区二环南路 2066 号 4 区 1 号　　邮编：250003

　　　　电话：（0531）82092660　　网址：www.sjs.com.cn

印　　刷：济南精致印务有限公司

版　　次：2025 年 4 月第 1 版

印　　次：2025 年 4 月第 1 次印刷

开　　本：710 毫米 ×1000 毫米　1/16

印　　张：10

字　　数：150 千

定　　价：45.00 元

（如印装质量有问题，请与印刷厂联系调换）印厂电话：0531-88783898

总 序

在五千多年的发展演变中，中华文明形成了自己的突出特性。第一个特性，就是其突出的连续性。

孔子整理"六经"，自称"述而不作"，全面继承了以前两千五百多年的文明成果，这就是所谓的"先孔子而圣者，非孔子无以明"；同时，孔子又以极大的魄力、高深的学识以及在当时条件下对文献资料尽可能丰富的掌握，"以述为作"而又"寓作于述"，使得以"六经"为代表的典籍整理和传承成果，成为以后两千五百多年中华智慧的源泉，这就是所谓的"后孔子而圣者，非孔子无以法"。中华文明的这种连续性，也因经典的生成而具有了无可替代的神圣性。

对"六经"的整理和删定，其实就是孔子的"创造性转化、创新性发展"，这又成为中华文明创新性的最好注脚。实际上，中华文明的所有突出特性，包括统一性、包容性、和平性，既体现在中华民族几千年来的民生日用中，更体现在中华文化核心经典的流传中。

如果说经典的研究离不开学者们在书斋里创作的"高头讲章"，那么文化的传播则需要适应青少年需求、面向更广大国学爱好者群体的"国风"作品。因此，尼山世界儒学中心（中国孔子基金会秘书处）推出了这套国学经典正音释读丛书，力争以"两创"方针为指导，努力推动中华经典进学校、进课程、进头脑，在广大青少年学生的精神世界落地生根。我们这项工作，其实就是接续先贤经注传统、推动文化落地普及的无数探索中的小小一部分。

丛书力图结合青少年可塑性强的特点，以经典中所凝聚的文化精髓，涵养其精神世界。坚持选取"经典中的经典、精华中的精华"原则，编写、出版校勘精良，读音标准，注释准确，以"大字、注释、注音、诵读"为特色的读本，促使国学经典走进青少年和广大国学爱好者的心灵，让更多人爱上传统文化，增强文化自信和民族自豪感。

丛书分别为《大学》《中庸》《论语》《孟子》《诗经》《周易》《孝经》《道德经》等经典正音释读，这些经典是中华文化最重要、最具有基础性意义的典籍。孔子研究院受山东省委宣传部、尼山世界儒学中心（中国孔子基金会秘书处）的委托，组织精干学术力量开展课题研究，确定了如下编写风格：

一、导言为领。每部作品都以"导言"来提纲挈领。如《大学》对于"大学"与"小学"、"大学"与"大人"、《大学》与曾子、《大学》与道统、《大学》与朱子等核心问题的分析，《中庸》对于其作者、流传、结构、思想的介绍，《论语》对于其书名的由来、编纂者、成书时间、流传版本的阐释，《孟子》对于其成书过程、主要思想、推荐读法等问题的思考，《诗经》对于其"源"与"流"、"诗"与"诗三百"、孔子与"诗三百"、"诗三百"与《诗经》、《诗经》与中华文化的关系等内容的梳理，《周易》对于其原理与基础、内在结构、卦爻符号系统、经与传、明解《周易》的方法的探究，《孝经》对于孝德内涵的体悟，《孝经》作者、版本、源流的考证，以及其结构、思想的论述，《道德经》对于其研究现状、核心概念、政治哲学、生命哲学及其对后世影响的解读，都努力把握要点，向读者讲清楚这些经典的框架、价值及其在中华文化中的地位。

二、章旨为引。为方便读者更好地理解内容，每部经典的篇章都通过"章旨"的形式进行引导解说，综述篇章大义，阐明相关章节在逻辑、义理上的内在联系，以满足广大读者诵读经典的学习需求，并引出与读者对话的主题，帮助提高阅读效率。读者结合"章旨"阅读正文，可见全书结构的纵横条理。

三、正文为经，注释为纬。《大学》《中庸》《论语》《孟子》采用朱子的《四书章句集注》为底本；《诗经》以《十三经注疏》中的《毛诗正义》为底本，并参照"三家诗"对其中的个别字词进行了修订；《周易》以孔颖达《周易正义》为依据，参考王弼注、孔颖达疏，以及李鼎祚、程颐、朱熹、王夫之、李道平和部分当代学者的研究；《孝经》以阮元校刻《孝经注疏》为底本，参考元泰定三年刻本等进行汇校；《道德经》采用王弼注本为底本，也适当地以河上公本、马王堆帛书本、郭店竹简本与北大汉简本等为参校。改订之处均于注释中做出说明。对其中的难字、难词，有针对性地进行了注释，力求精练、准确、易懂。某些字词有多种解释时，除选择编者认可的注释外，也适当提供其他说法，供读者参考，以便留有思索的空间。为使读者更好地了解经典的原貌，在繁简字转化时保留了部分常用的古汉语字词，其中有些不常用的生僻字词也依据底本予以保留，力求做到文本的准确无误。

四、注音为辅。注音以音义俱佳、不失考据为原则，并兼顾现代汉语的读音规则。凡有分歧之处，根据文义，汲取历史上注疏经典的经验做法，尤其是参考和借鉴朱子《四书章句集注》正音读、重释义的注解做法，将每个字的读音标注清楚，以便帮助读者理解字义。对一字多音、不好确定的字，查找权威资料，结合现代读音，反复推敲，以确定最佳读音。为便于学习和推广，聘请专业人员对经典进行朗诵录音，读者可扫描书后所附二维码跟从听读。

编写过程中，参考了古今学者大量研究成果，以参考文献的方式择要列于书后。受人之泽，不敢隐人之美，特此深致谢忱。

书中肯定有不当之处，恳请读者不吝批评指正。

刘续兵

2025 年 4 月

目 录

导 言

中国是个重视孝道的国家。"孝、悌、忠、信、礼、义、廉、耻"为儒家八德,"孝"德居于八德之首,"孝、悌"占八德之二。"忠、信"也好,"礼、义、廉、耻"也好,其根基都在于"孝"。可以说,"孝"是德行之根本,是伦理之基石,是中国传统文化之核心。

一、孝德的内涵

在我国,孝的观念源远流长。甲骨文中已有"孝"字,表明四千多年前的华夏先民已经有了孝的观念。我国最早的词典《尔雅》解释"孝"的含义为"善事父母"。许慎《说文解字》:"孝,善事父母者。从老省(只有'老'字的一部分,省略了另一部分),从子。子承老也。"从字的构造上看,"孝"是会意字,是"老"与"子"的结合。"老"是上一代,"子"是下一代,上下两代融为一体称为"孝"。《礼记·祭统》:"孝者,畜也。顺于道,不逆于伦,是之谓畜。""畜"是养的意思,"孝"的基础含义是孝养父母。

先秦时期的各家学派都重视孝行。墨家认为:"孝,利亲也。""为人君者之不惠也，臣者之不忠也，父者之不慈也，子者之不孝也，此又天下之害也。"(《墨子·兼爱下》)将父不慈、子不孝与君不惠、臣不忠并列在一起，称为"天下之害"。道家强调："绝仁弃义，民复孝慈。"(《老子》第十九章)意思是"孝慈"出乎天性，不应以"仁""义"来文饰。法家认为："臣事君，子事父，妻事夫。三者顺则天下治，三者逆则天下乱，此天下之常道也。""孝子，不非其亲。""家贫则富之，父苦则乐之。"(《韩非子·忠孝》)将孝亲视为天下常道。甚至纵横家在游说列国诸侯时，也用孝的理论增强说服力，如苏秦对楚王进言："仁人之于民也，爱之以心，事之以善言。孝子之于亲也，爱之以心，事之以财。忠臣之于君也，必进贤人以辅之。"(《战国策·楚策三》)他巧妙地把孝亲与治民、忠君联系在一起。

将孝道理论化、系统化，并推广到治国理政的高度，从而影响中华文明至深的，首推儒家。《论语·为政》："子曰：'今之孝者，是谓能养。至于犬马，皆能有养；不敬，何以别乎？'"《礼记·祭义》："曾子曰：'孝有三：大孝尊亲，其下弗辱，其下能养。'"《孟子·万章上》："孝子之至，莫大乎尊亲。"在"养"的基础上，孔子、曾子、孟子为孝丰富了"敬"的意涵，极大地提升了孝的伦理高度，使"孝"向"孝道"发展。

孝的观念一直是中华文明的核心要义，是区别于其他文明的典型特征。基督教也有"敬父母"的说法，但上帝在其文化中是独一无二的至尊，与之相对应，所有的人都居于上帝之下位，不是并列的关系，甚至不是上下统属的关系，所以不可能发展出中国文化中的人伦爱敬之道。西方文字中无一字与"孝"字相当，相近的一些词汇，或偏重于爱，或偏重于敬，或偏重于顺，只能解"孝"之一端。佛教、伊斯兰教也讲孝，但均以"事神"为首要任务，与中国文化中事父母为至德，从事父母推及事君、敬神恰正相反。

二、《孝经》的作者

最能体现中国孝德的经典著作，就是《孝经》。《孝经》的内容，围绕孔子向曾子讲解孝道而展开，系统阐释了孔子的孝道思想。但是，关于《孝经》的作者，历来说法不一。

有孔子说。《孔子家语·七十二弟子解》："曾参……志存孝道，故孔子因之以作《孝经》。"《汉书·艺文志》也持此观点："《孝经》者，孔子为曾子陈孝道也。"《白虎通义·五经》："（孔子）已作《春秋》，复作《孝经》何？"东汉经学家何休称："子曰：'吾志在《春秋》，行在《孝经》。'信斯言也。则《孝经》乃孔子自著者也。"（宋晁公武《郡斋读书志》卷一）东汉大儒郑玄认为："孔子以六艺题目不同，指意殊别，恐道离散，后世莫知根源，故作《孝经》以总会之。"（《六艺论》）他认为《孝经》是六艺的纲领。唐代经学家陆德明说："《孝经》者，孔子为弟子曾参说孝道，因明天子庶人五等之孝，事亲之法。"（《经典释文·序录》）

有曾子说。《史记·仲尼弟子列传》："曾参，南武城人，字子舆。少孔子四十六岁。孔子以为能通孝道，故授之业。作《孝经》。"不过，如果把"故授之业"后的句号断为逗号，这句话的意思就成了"孔子作《孝经》"。宋末元初的学者熊禾说："孔门之学，唯曾子得其宗。曾氏之书有二：曰《大学》，曰《孝经》。"（董鼎《孝经大义·序》）他认为曾子最得孔子学问之宗旨，是《孝经》的作者。

有孔子门人说。北宋史学家司马光指出："圣人言则为经，动则为法，故孔子与曾参论孝，而门人书之，谓之《孝经》。"（《古文孝经指解·序》）南宋学者唐仲友认为："孔子为曾参言孝道，门人录之为书，谓之《孝经》。"（《孝经解·自序》）

有七十子后学（孔子门人的学生）说。清毛奇龄《孝经问》："此仍是春秋、战国间七十子之徒所作，稍后于《论语》，而与《大学》《中庸》《孔子闲居》《仲尼燕居》《坊记》《表记》诸篇同时，如出一手。故每说一章，必有引经数语以为证，此篇定例也。"他认为《孝经》与《礼记》中的诸篇相似，都运用了引孔子言语论证其观点的手法。纪昀等人修《四库全书》，考证后认为："蔡邕《明堂论》引魏文侯《孝经传》，《吕览·察微篇》亦引《孝经·诸侯章》，则其来久矣。然授受无绪，故陈骙、汪应辰皆疑其伪。今观其文，去二戴所录为近，要为七十子徒之遗书。使河间献王采入一百三十一篇中，则亦《礼记》之一篇，与《儒行》《缁衣》转从其类。惟其各出别行，称孔子所作，传录者又分章标目，自名一经。后儒遂以不类《系辞》《论语》绳之，亦有由矣。"（纪昀等《四库全书总目》卷三二《经部·孝经类小序》）《孝经》"其来久矣"，不是后人伪作；且与《礼记》中的诸篇相似，"转从其类"，只是"传录者"另外命名为"经"。著名史学家范文澜认为："孔子述而不作，经有明文，况此篇首云'仲尼居，曾子侍'，自命其书曰经，称曾子为子，其非孔子、曾子所自作明矣。大抵如百三十一篇之记，出七十子后学者之手也。说者谓魏文侯受子夏经义，故为《孝经》传，是知《孝经》之作，必更在其前。""《吕氏春秋》孝行察微诸篇并引

《孝经》，可知是先秦之书。"（《范文澜全集》第一册）

有曾子门人说。宋人胡寅、晁公武和清人姚鼐都持此说。"《孝经》非曾子所自为也。曾子问孝于仲尼，退而与门弟子言之，门弟子类而成书。"（朱彝尊《经义考》）有人更具体地指出，这个"门弟子"，是子思或乐正子春。如南宋理学家冯椅认为："子思作《中庸》，追述其祖之语，乃称字（《孝经》中的"仲尼"），是书（《孝经》）当成于子思之手。"（南宋王应麟《困学纪闻》卷七《孝经》）金元时期的学者郝经认为："孔子以曾子之孝，问答之间，为陈孝道，而曾子门人记之，谓之《孝经》，殆亦乐正子春、子思为之也。"（《续后汉书》卷六十五上《儒学》）

有孟子或其弟子说。清陈澧《东塾读书记》："《孟子》七篇中，多与《孝经》相发明者。"近代学者王正已指出："《孝经》的内容，很接近孟子的思想，所以《孝经》大概可以断定是孟子门弟子所著的。"（《孝经今考》）

有齐鲁间陋儒说。宋代大儒朱熹认为："《孝经》独篇首六七章为本经，其后乃传文。然皆齐鲁间陋儒纂取《左氏》诸书之语为之，至有全然不成文理处。传者又颇失其次第，殊非《大学》《中庸》二传之俦也。"（《晦庵先生朱文公文集》卷八四《跋程沙随帖》）他认为《论语》中说孝"皆亲切有味，都不如此"（《朱子语类》卷八二《孝经》）。

有汉儒说。明代学者吴廷翰认为："《孝经》一书，多非孔子之言，出于汉儒附会无疑。"（《吴廷翰集·椟记》）清代经学家姚际恒《古今伪书考》："是书来历出于汉儒，不惟非孔子作，并非周秦之言也。"

考察以上各种观点，可以发现，从汉至唐，孔子作《孝经》，或者孔子授曾子孝道而由曾子作《孝经》，是主流的认识。但是，宋代以后出现了其他各种说法，而且越往后，《孝经》作者被认定的时代就越晚，从曾子和其他孔子门人的弟子，到孟子、孟子弟子，一直到"齐鲁间陋儒""汉儒"。这种非古是今的趋势恰与疑古思潮的兴起和繁盛是一致的。

否定《孝经》为孔子或曾子所作的主要理由有二：一是《孝经》中的文字有很多在汉代及以后的典籍中能够找到，所以《孝经》应该是杂抄诸书而成，时代远晚于孔子和曾子；二是先秦时期的典籍少有以"经"来命名的，孔子整理的"六经"当时都不称"经"，可知《孝经》是后人托名圣人而伪作。

那么事实如何呢？《吕氏春秋·察微》："《孝经》曰：'高而不危，所以长守贵也；满而不溢，所以长守富也。富贵不离其身，然后能保其社稷，而和其民人。'"《吕氏春秋·孝行》："故爱其亲，不敢恶人；敬其亲，不敢慢人。爱敬尽于事亲，光耀加于百姓，究于四海，此天子之孝也。"《吕氏春秋》成书于战国晚期，这些记载与《孝经》之《诸侯章》《天子章》基本相同。汉唐著作中，对《孝经》多有征引，如汉代学者蔡邕的《明堂论》引用了魏文侯的《孝经传》。魏文侯乃战国初期魏国国君，曾向孔子的弟子子夏学习经艺，又拜子贡的弟子田子方和子夏的弟子段干木为师。魏文侯去世二十多年后孟子才出生。由此可见，《孝经》绝非伪书，其大体成书应不晚于战国早期。西汉末的纬书《孝经钩命决》："孔子曰：'吾志在《春秋》，行在《孝经》。'"纬书本身是后人伪作的，但这句话被公认为"古文师说"，是可信的。汉初思想家陆贾在《新语·无为》中说："孔子曰：'移风易俗。'岂家令人视之哉？亦取之于身而已矣。""移风易俗"这一成语出自《孝经》，可见西汉初年《孝经》中的思想和文字已被知名学者所引用。《新语·慎微》："孔子曰：'有至德要道以顺天下。'"与今文《孝经》首章"先王有至德要道以顺天下，民用和睦，上下无怨"的表述相同；而"夫建大功于天下者必先修于闺门之内"，与古文《孝经》"闺门之内，具礼矣乎！"的要求相近；"修之于内，著之于外；行之于小，显之于大"，则与今文、古文《孝经》"行成于内，名立于后世矣"的观点一致。因此，不是《孝经》杂抄诸书，而是其他书文引用了《孝经》。

有人认为古籍称"经"始于庄子。其实在庄子以前，已有《墨经》《兵经》《道经》行世，只不过这个时期的"经"还不是汉代以后的儒家"经典"之意，只是当时取名的一种习惯。经，本是指织布时织机上的竖线，与纬（横线）相对。织布时经线不动，纬线则穿插其中，所以"经"就有了恒定不变的"常"的意思。讲解词义的东汉著作《释名·释典艺》认为："经，径也，如径路无所不通，可常用也。"《孝经》的命名也是取这个意思。《汉书·艺文志》："夫孝，天之经、地之义、民之行也，举大者言，故曰《孝经》。"敦煌本《孝经》郑玄序："夫孝者，盖三才之经纬，五行之纲纪。若无孝，则三才不成，五行僭序。是以在天则曰至德，在地则曰愍（mǐn，同"悯"）德，施之于人则曰孝德。""夫孝者，天之经，地之义，人之行，三德同体而异名，盖孝之殊途。经者，不易之称，故曰《孝经》。"

从《孝经》中的人名称谓来看，"仲尼居，曾子侍"，只出现孔子、曾子二人。按照中国传统礼仪，名用于自称；"冠而字之，敬其名也"（《仪礼·士冠礼》），字是供他人称呼以示敬重的。称孔子"仲尼""子"，既然是称字不称名，《孝经》肯定不是孔子亲作。"曾子"当然是敬称，所以不可能是曾子自称；"参不敏"中的"参"，是与老师问答时的谦称，也是经文中的"引语"，不是曾子的自称。因此，《孝经》应该不是孔子或曾子亲作。

但是，《孝经》的思想肯定是孔子的，而曾子在这本书问世过程中起到了最直接、最重要的作用。近代学者马一浮说："已知'六艺'为博，《孝经》为约，亦当略判教相，举要而言：'至德'，《诗》《乐》之实；'要道'，《书》《礼》之实；'三才'，《大易》之旨也；'五孝'，《春秋》之义也。"（《孝经大义·原刑》）《孝经》的思想与"六艺"密切相关，且是"六艺"的"宗旨大义"。只不过孔子"述而不作"，他向曾子"讲述"了孝的"至德要道"，但并没有亲自写下来，这也是当时师生之间教学的常态。曾子又加上本人的理解，向他的弟子传述了夫子之道；在曾子的指导下，其弟子帮助整理成文。这应该就是《孝经》"述作"之真相。

当然，这个"整理本"，并不是几天时间就最终定稿了，而是经过了较长时期的流传、加工，又融入了一些后人的思想和文字，最晚大概在战国末期完成了主要内容的创作。今天所见到的版本，其最终成书可能更晚至汉代。

三、《孝经》的版本

《孝经》有今文《孝经》和古文《孝经》两个版本。今文《孝经》指的是以汉代通行的隶书来书写的《孝经》，而古文

《孝经》则指以汉代之前的篆书书写的《孝经》。在《孝经》流传过程中，始终伴随着今文、古文之争。

秦始皇焚书时，据称河间人颜芝秘藏了今文《孝经》。汉惠帝时，颜芝之子颜贞将此书献于河间献王。后来大学者刘向据此本进行了整理，定为18章。在《孝经》学史上，最重要的注本当属东汉经学家郑玄以今文为底本所注的《孝经》，流行于汉末至中唐时期，后世称其为"郑注《孝经》"。也有学者考证郑注《孝经》是由郑玄的孙子郑小同续写完成的。郑注《孝经》依据的就是刘向整理的通行本。

汉武帝末年，又在孔子故宅墙壁中发现了古文《孝经》。古文《孝经》的传习多称源于孔子十一世孙、西汉经学家孔安国的《孝经传》（也有学者质疑孔氏《孝经传》为伪书）。南北朝时期，齐、梁两朝将今文、古文《孝经》并立于学官，获得官方认可。

唐玄宗李隆基以今文《孝经》为底本，两次亲自作注，又令儒臣元行冲作义疏，颁行天下，于是今文、古文之争趋于平息，今文《孝经》逐渐成为通行版本。北宋真宗时，经学家邢昺以今文《孝经》为正本，以唐玄宗御注和元行冲旧疏为底本，为唐玄宗的注作疏，这就是后世通行的《孝经注疏》。《孝经注疏》被收入《十三经注疏》中，成为最流行和最权威的《孝经》版本。

北宋司马光笃信古文《孝经》，重开今古之争。南宋理学家朱熹作《孝经刊误》，又以古文《孝经》为本，定经为一章，分传为14章。元代经学家吴澄又以今文《孝经》为本，参照朱熹《孝经刊误》，作《孝经定本》，也定经为一章，分传为12章。南宋、元、明时期，学者多信从朱熹、吴澄之说。但明末清初，不少学者开始质疑、反驳此二说，恢复了《孝经》原来的版本。阮元校刻《十三经注疏》时，取唐玄宗作注、邢昺作疏的今文《孝经》，使其流传更为广泛。

由于宋代以后郑玄《孝经注》亡佚，清代学人搜集散见于典籍中的《孝经》"郑注"，以严可均辑本为代表。皮锡瑞以之为据，作《孝经郑注疏》，成为清代《孝经》学典型的注本。

今文与古文《孝经》在字数、篇幅、章节、表述方式等方面确有差异。古文《孝经》经文 1861 字（以鲍刻本为据，见附录），比今文《孝经》多 61 字，不同的有 400 多字。其中《庶人章》分出《孝平章》，《圣治章》分出《父母生绩章》《孝优劣章》，多出《闺门章》，共 22 章，不同于今文版本的 18 章。但二者内容大致相近，只是在篇章结构和行文上略有差异。南宋学者黄震认为，今文、古文《孝经》实际上是一本书，只是文字、章节等有些差异，并不影响全书大义。此观点基本为后世所认同。

四、《孝经》的结构

《孝经》是一部举孝为纲、集中阐明儒家孝道的经典，也是理解儒家思想的基础性经典。由于今文《孝经》在后世影响更大，所以本书采用清代学者阮元校刻的唐玄宗"御注"、邢昺"疏"的今文《孝经》18 章本进行正音释读。全书经文 1800 字（包括《圣治章》应增补的"助祭"之"助"字），含章名（章题和章序，下同）文字在内共 1904 字，是"十三经"中字数最少、篇幅最短的。其中，字数最少的《五刑章》（含章名，下同）只有 43 字，字数最多的《圣治章》也只有 293 字。

《孝经》通过孔子与弟子曾子之间的对话，分别论述了天子、诸侯、卿大夫、士、庶人等阶层的孝道，逐章阐明了"孝"的诸多内涵——尊敬和赡养父母，忠于君主，教化民众，礼敬兄长朋友，对父母、君主的过错进行劝谏，为过世的父母致丧，按礼仪祭祀先祖等。《孝经》强调，恪尽孝道是人之道德的根本，也是管理家政、治国安邦的重要思想资源。

第一章《开宗明义章》，揭示了全书的总纲，也是对其余十七章内容的一个概述。该章指出，"孝，始于事亲，中于事君，终于立身"，是人之所以为人的"至德要道"，也就是个人修身的最高道德、治国理政的最好手段。孝的最初目标是侍奉父母，其后扩充为侍奉君主、服务国家，其终极目标是立身行道。

从第二章到第六章，分别论述了天子、诸侯、卿大夫、士和庶人行孝的方式，统称为"五孝"。各阶层情况虽各有不同，但在以"爱"和"敬"来侍奉父母这一层面上都是一致的；只要身体力行，孝道都是能够做到的。

第七章《三才章》又从总体上论孝，指出"夫孝，天之经也，地之义也，民之行也"，阐明效法天地、以孝道教化民众的重要性。这也是本书名为《孝经》的原因所在。

第八章至第十八章，从不同的方面对《三才章》的理念加以阐述。其中，《孝治章》《圣治章》，论述孝道的政治作用；《纪孝行章》《五刑章》，从正反两个方面论述如何行孝；《广要道章》《广至德章》《广扬名章》，围绕首章中的三句话，分别论说君主如何以孝教化、以孝治国；《谏争章》《应感章》《事君章》《丧亲章》，则具体论述行孝的做法。

在内容上，《孝经》具有以下特点：

第一，《孝经》一书将社会上各种阶层的人士，上自天子，下至平民百姓，分为五个层级，并依据每个层级的地位与职业，标示出孝亲的法则与途径。天子之孝要求"爱敬尽于事亲，而德教加于百姓，刑于四海"；诸侯之孝要求"在上不骄，高而不危；制节谨度，满而不溢"；卿大夫之孝要求效法先王之道，"非法不言，非道不行；口无择言，身无择行"；士之孝要求"忠顺不失，以事其上"；庶人之孝要求"谨身节用以养父母"。因此，对于每一个人来说，《孝经》都是一本修养道德、立身处世的必读书。

第二，《孝经》在中国伦理思想中首次将孝亲与治国联系起来。主张以孝治天下，认为如果能将"孝"的社会作用推而广之，做到"孝悌之至"，就能够"通于神明，光于四海，无所不通"。由此，人可以将小我扩充为大我，实现真正意义上的大孝。

第三，《孝经》对实行"孝"的要求和方法做了系统而详细的阐发。一是"孝之始"，最基本的孝是事亲，要保持好自己的身体健康，"身体发肤，受之父母，不敢毁伤"；二是"孝之中"，从孝敬自己的父母推广到孝敬所有人的父母，将孝道推广于天下；三是"孝之终"，"立身行道，扬名于后世，以显父母"，将孝道做到极致，真正地成就个人的道德。同时，《孝经》按照人生老病死的生命过程，提出了事亲的具体要求："居则致其敬，养则致其乐，病则致其忧，丧则致其哀，祭则致其严。"

第四，《孝经》把道德规范与法律制度联系起来。将不孝之罪与法律规定的其他罪行进行了对比，指出不孝的罪行比任何罪行都要严重，从反面进一步阐述了推行孝道、以孝治国的重要性。

五、《孝经》的思想

第一，孝是天经地义。《三才章》指出："夫孝，天之经也，地之义也，民之行也。"孝是人的自然的天性和道德，是天经地义的。圣人效法天地，教民以孝，因此其教化无须严肃施为就可以成功，政治无须严厉推行就能使天下太平。《孝经》提出了孝来源于天的观点，认为孝道是由天道决定的，孝道与天道相通，所以人们应无条件地、绝对地遵行。《孝经》以天论孝，使孝具有了神圣的依据。

第二，孝是至德要道。《开宗明义章》指出："先王有至德要道，以顺天下，民用和睦，上下无怨。"孝是一切道德的根本、教化的源泉，是修身、齐家、治国、平天下的常道。邢昺《疏》："德以孝而至，道以孝而要，是道德不离于孝。"一个人如果能事亲以孝，自然就能爱惜自己的身体，培育自己的德行，尽本分服务家国天下；一个国家如果能推行这一至德，依孝道教化民众、治理天下，自然可以家庭和睦、社会安定、天下太平。而"要君""非圣""非孝"是礼法纲纪丧失和天下大乱的根源。

第三，事亲以孝。每个人都是父母生养的，都应对父母有爱敬之心。《孝经》中从事亲、谏争、丧亲等三个方面，具体阐述了如何事亲以孝。孝敬父母不仅要在物质上供养，而且要上升到精神层面，"生则亲安之"；不仅要顺从父母正确的主张，也要规劝其错误的言行，避免使父母陷于"不义"；不仅要在父母生前尽孝，而且要葬之以礼，以时致祭。

第四，孝治天下。《孝经》提倡孝道，最终目的是要实现"孝治"，即将人天生具有的孝悌之心，推衍为对天下所有人的爱敬之情，建立和谐的社会道德规范。圣王以孝治天下，视百姓为自己的父母；百姓效法圣王，以孝敬之心奉养父母，也敬爱他人的父母。以孝治天下，可以"得万国之欢心"；以孝治国，可以"得百姓之欢心"；以孝治家，可以"得人之欢心"。如此，"其教不肃而成，其政不严而治"。《孝经》强调，父与子、君与臣在行孝事亲和修养道德上是平等和一致的，有各自的权利与义务。这与汉代以后单方面强调君权、父权和夫权的极端态度形成鲜明的对比。

第五，以"孝"扬名立世，以"不孝"为诸罪之首。孝的最高追求是立身行道、显亲扬名，也就是说，孝不仅仅是修身齐家的分内之事，更是治国平天下的社会担当。反之，辱没父母先人就是最大不孝，也是造成天下大乱的根源。

第六，孝能感天动地。效法天地之德，故能开发本性里的光明，顺应天地之道。这样，才能传承好先人的德业，后人也才能将前人视为智慧和力量的来源。

六、《孝经》的影响

中国古代图书分为经、史、子、集四部。经部即儒家经典及相关著作，史部即史书，子部即诸子百家及宗教类书籍，集部即文集。其中以经部为核心。儒家经典最初只有"五经"之说，即《诗》《书》《礼》《易》《春秋》。唐代在"五经"基础上增补《周礼》《仪礼》《公羊》《穀梁》，合称为"九经"；唐文宗开成年间刻石于国子学，又加《孝经》《论语》《尔雅》，遂为"十二经"，《孝经》正式确立其经典地位。宋代又增加《孟子》，至此形成了在传统中国社会具有特殊地位的"十三经"。

《孝经》在中国历史上影响深远。从战国时期起，这部经典就受到高度重视。魏文侯以来，包括最高统治者以及历代学者在内，共有约五百人对其进行注疏解说，使其成为历代统治者"以孝治天下"的重要经典。《孝经》也是历代知识分子修身立德、为人处世的必读书，古代儿童读书识字也要先读《孝经》再读《四书》。

《孝经》在政治生活中受到高度重视，历代施政者都极力加以提倡。特别是汉代宣扬"以孝治天下"之后，孝道思想深入朝堂和民间。帝王们不仅积极推动士子们学习、研究、推广《孝经》，而且还亲自听讲、宣讲《孝经》。西汉宣帝、平帝等多位皇帝曾跟当时的博学大儒修习《孝经》；平帝时，地方学校设置《孝经》师；东汉诸帝还要求官员乃至天下人都讲诵《孝经》，甚至以《孝经》师主持监试。唐代规定，在官学中学习的人必须兼通《孝经》和《论语》；唐太宗曾亲自到国子监听祭酒孔颖达讲《孝经》。宋仁宗也曾召集群臣到崇政殿观讲《孝经》。帝王们还亲自或让太子宣讲《孝经》，如魏晋南北朝时期，宋文帝、梁武帝就曾讲《孝经》，晋惠帝、陈文帝等曾诏令太子讲《孝经》。一些帝王还亲自为《孝经》作注疏，并颁行天下，使《孝经》成为"十三经"中唯一一本由皇帝作注的经典。晋元帝、晋孝武帝、梁简文帝、北魏孝明帝先后为《孝经》作注，梁武帝作《孝经义疏》十八卷，清顺治帝作《孝经注》、清雍正帝作《御纂孝经集注》等。影响最大的注本则是唐玄宗李隆基注、宋邢昺疏的《孝经注疏》。

此外，帝王们还热衷于书写《孝经》。唐玄宗亲自书写今文《孝经》并命人刻于石碑（现存于陕西西安碑林博物馆）之上，世称《石台孝经》。宋太宗曾用草书两次书写《孝经》，还命人把所书《孝经》刻在淳化秘阁碑上。南宋高宗也亲自书写《孝经》，刻于金石，颁行天下州学。

正是看到《孝经》对于人伦教化、礼法维系和政治统治的作用，历代文人和帝王希望借推崇《孝经》来推行孝道，敦风化俗，以孝治天下。明代理学家吕维祺在《孝经或问》中称："或问孝经何为而作也？曰为阐发明王以孝治天下之大经大法而作也。"明太祖朱元璋称《孝经》为"孔子明帝王治天下之大经大法，以垂万世"（龙文彬《明会要》卷二十六）。清世宗雍正在《御纂孝经集注序》中说：

> 夫《孝经》一书，词简义畅，可不烦注解而自明。诚使内外臣庶，父以教其子，师以教其徒，口讽其文，心知其理，身践其事。为士大夫者能资孝作忠，扬名显亲；为庶人者能谨身节用，竭力致养；家庭务敦于本行，闾里胥向于淳风。如此则亲逊成化，和气熏蒸，跻比户可封之俗，是朕之所厚望也夫。

《孝经》在历史上的政治意义体现于以下三个方面：

一是以孝选官。既然是"以孝治天下"，"孝"当然也就成为官员选拔和考核的核心指标。汉代"使天下诵《孝经》，选吏举孝廉"（《后汉书·荀爽传》），规定郡国每年察举孝子、廉吏各一人上报中央，由朝廷统一安排入仕为官。隋唐之后，科举制度成为主要的选官制度。唐代专门设有孝廉科，把举孝选官纳入科考序列，其他科目也无不贯通着孝道思想。

二是以孝入谥。古代帝王、诸侯、大臣、后妃等具有一定地位的人死去之后，后人根据他们的生平事迹与品德修养，对其作出评价，确定相应谥号。帝王的谥号一般是由礼官议定并经继位的帝王认可后予以宣布，臣下的谥号则由朝廷赐予。在谥法中，孝有着重要的地位，是代表最高荣誉的称号，一般用于贤德仁爱、治国有功的圣君或品行高洁、母仪天下的皇后、皇太后。汉代崇孝最盛，以孝入谥尤为突出，从惠帝开始都加上"孝"字，如孝惠帝、孝文帝、孝景帝等。皇帝、皇后的陵号用"孝"字也很多，如明孝陵、清孝陵等。

三是以不孝为诸罪之首。孝对中国古代的司法原则、法律条文、量刑等都产生了较大影响。把"不孝"列为诸罪之首予以严惩，并通过制定缜密完备的法律条文对各种不孝行为或不孝犯罪实施严格的惩治，成为中国传统社会政治制度和法律思想的一条基本原则。如谋杀父母长辈等为十恶不赦的重罪，即刻处死。

中国历史上，有许多孝子典范。比如，父母死后，子路南游到楚国，做了大官，随从的车马有上百辆，积累的粮食有上万钟。坐在垒叠的锦褥上，排列着大鼎进食，他常常怀念双亲，慨叹说：现在即使我想吃野菜，为父母亲从百里之外背米回家，也不可能了！又如，父亲去世，曾子极度哀伤，七天没喝一点汤水，并守孝三年；每次观看丧礼，曾子都会想起死去的父母，经常泪水浸湿衣襟。再如，魏晋时期的王裒（póu），其母亲生前害怕雷声，死后埋葬在山林之中。每当风雨天气听见打雷，王裒就跑到母亲坟前守护，让母亲不要害怕。

在孝道影响下，中国人十分重视社会伦理，并以孝悌为基础，形成了诸多富有特色的文化价值观念。师生关系、上下级关系、主仆关系都可以视为父子关系的推衍。上位者要善待属下，仁慈宽厚；下位者要尽心效力，尽责分忧。上下各司其职，各尽其责，共同遵守社会规范，促进形成良好和谐的社会关系。

孝道是中华传统文化和伦理道德的中心，从敬爱父母，进而尊敬长上，爱护百姓，以至于仁厚施于万物，这种伟大的胸襟是从以孝事亲开始培养的。《孝经》把子女敬爱父母之心，引导到珍惜自己的生命和人格，引申到敬重于尊长、尽责于君王，乃至爱护国家和天下百姓，所有修身、齐家、治国、平天下的道理都包含在了孝道当中。

虽然孝文化在其演化进程中打上了时代的烙印，形成了民族性精华与落后性糟粕共存的局面，但就孝文化的整体而言，它在整个中国社会发展过程中有着积极的意义。

不论是个人还是国家、民族，不忘记自己从哪里走来，才能明白自己要向何处走去。今天，孝道对于传承中华民族尊老敬老的伦理观念、老有所养的传统美德仍有积极的促进作用，依然保有鲜活的生命力。

到目前为止，历代研究、解释《孝经》的著作和版本中，最为权威、影响最大的，是清代学者阮元校刻、唐玄宗"御注"、邢昺"疏"的今文《孝经》18 章本。本书以上海图书馆藏清嘉庆二十年江西南昌府学刻本《孝经注疏》九卷本为底本进行分章、注音、注释，并完全保留了这一版本的分段方式。对于一些争议之处，本书作了介绍，并提出了自己的观点。对于增补和改订的文字（《圣治章》中"助祭"的"助"字）、章名的确认（《谏争章》之"争"、《应感章》之"应感"），在注释中进行了详细介绍。唐玄宗李隆基的"御注"，表述为"唐玄宗

《注》";宋邢昺对唐玄宗《注》所作的"疏",表述为"邢昺《疏》"。

导言和章旨部分,凡引用文字均标明了出处;个别未标出处的,均出自《孝经注疏》。参考的古人今人其他著述,以"参考文献"方式列于书末。

另外,为便于读者了解古文《孝经》和今文《孝经》的全貌和流传情况,将古文《孝经》的全文、西汉孔安国《古文孝经序》,以及今文《孝经》的《孝经郑氏注序》、唐玄宗《孝经序》、北宋邢昺《孝经注疏序》和清纪昀等《四库全书总目·孝经类序》附录于后。

开宗明义^①章第一

kāi zōngmíng yì　　zhāng dì yī

　　北宋经学家邢昺在《孝经注疏》(以下简称"邢昺《疏》")中说："章字从音、从十，谓从一至十，十，数之终"，"《风》《雅》凡有科段皆谓之'章'"。"章"字的本义，《说文解字》解释为"乐歌竟为一章"，也就是乐曲终尽为一章。"章"的含义就很清楚了，"'章'者明也，谓分析科段，使理章明"（邢昺《疏》），后来由音乐的曲段引申为典籍的章节，每章各有主题相区分，以"彰明"道理。

　　据邢昺《疏》，《孝经》最初虽分章节但并无章名，南朝梁代经学家皇侃为其中的五章，也就是我们今天看到的《天子章第二》至《庶人章第六》，"标其目而冠于章首"。

---

　　① 开宗明义：开篇揭示全书主旨。开，开张、揭示。宗，宗旨。义，义理。"开宗明义"这一成语出于此。

到了唐代，玄宗李隆基为《孝经》作注时，召集相关官员和儒者研究讨论，根据每章的主题大义，首次为全部章节命名。

《开宗明义章》，经文121个字，合章名共128个字。此章"开张一经之宗本，显明五孝之义理"，是全书的纲领。

《礼记》有《孔子闲居》篇"孔子闲居，子夏侍"，孔子为子夏讲论诗乐；有《仲尼燕居》篇"仲尼燕居，子张、子贡、子游侍"，孔子为弟子们讲论礼义，"纵言至于礼"。《孝经》也是孔子"闲居"时为曾子讲论孝道的记载，因孝道为"至德要道"，故区别于诗、礼，标示为"经"。开篇即开示了孝的宗旨，阐述了孝德的意义、孝道的内涵、孝行的次第，制定了万民的德行典范，确定了万世的政教法规。

在本章中，孔子开门见山地阐明孝为"至德要道"，可以顺天下人心，使人民和睦相处，上下无怨，其意义之重大可见一斑。

生命得之于父母，这是中国文化中道德意识的起点。《礼记·祭义》记载，曾子曰："身也者，父母之遗体（遗留给自己的身体）也。行父母之遗体，敢不敬乎？居处不庄，非孝也。"父母给了我们身体，我们要完整地保有它，死后要归还给父母，其实也是遗传给子孙。所以平时的生活（居处）要谨慎，不要轻易地无意义地"毁伤"身体。《论语·泰伯》记载，曾子临终前，召弟子曰："启予足！启予手！《诗》云：'战战兢兢，如临深渊，如履薄冰。'而今而后，吾知免夫！小子！"曾子是圣人，也是孝子，他一生谨慎戒惧地守护自己的身体，直到去世前的那一刻方"知免夫"，能够放手安心了。曾子的这两段言论，对于何为"孝之始"给出了确定的答案，那就是经文中所说的"身体发肤，受之父母，不敢毁伤，孝之始也"。"守身"为孝道的开端。

能够庄敬地对待父母赐予的身体，那么对于赐予自己身体的父母，当然要报之以爱与敬。所以，儒家对于孝敬父母，才有不仅"能养"而且"色难"的说法。一方面，要尽心奉养父母，让父母终生安乐、愉悦；另一方面，自己在奉养父母的过程中也能体会到、显现出这种愉悦和幸福，实现父母与子女之间慈与爱的感人互动。然而，这还不是孝的最大程度的实现。曾子在说"居处不庄，非孝也"之后，又展开说："事君不忠，非孝也；莅官不敬，非孝也；朋友不信，非孝也；战陈（阵）无勇，非孝也。五者（合上文'居处不庄，非孝也'）不遂，灾及于亲，敢不敬乎？"侍奉君上要尽心，做官做事要诚敬，对待朋友要信诺，作战杀敌要勇敢，以对得起父母给予的这个身体，不能因为自己的无德无能而使父母蒙受羞辱。只有这样，才能"立身行道，扬名于后世，以显父母"——凭借自己高尚的品德和突出的贡献，为家族扬名，使父母荣耀，这才是评判孝道的终极标准。"立身"是孝道的展开。

从孝行的次第上，孔子分为三个阶段：孝行之始为侍奉双亲；孝行之中为建立功业；孝行之终为扬名荣亲、回归本善。"扬名于后世",是孝道的终极。

最后引用《诗经·大雅》中的话,强调一定要念念不忘地继承和发扬祖先的孝道美德。

很多宗教是重"来世"、重"救赎",着眼点在于个人;儒家之道则是重"传承"、重"不朽",着眼点在于种群,在于文化。通过对在世父母的孝敬、对去世先人的祭祀,沟通天人,让逝者活在生者的心中,从而引发对前人事业功勋和文明创造的崇敬和重视,"善继人之志,善述人之事"(《中庸》第十九章),以传之后世、传之久远。中华民族的文化精神,就是通过这种方式,不断形塑,不断丰富,不断更化,不断创新的。

中国人不但把自己放在与他人、与社会、与种群的关系之中,还把自己放在与前人、与后人的关系之中,这是一种综合了横向和纵向两个维度的传承和弘扬。这种文化传统可以让我们确信一个观念:死,不是结束,而是另一种延续。这就使得活着的人,对于修养明德、贡献社会有了价值肯定,有了意义认定,并一代代传承下去,成为属于中国人的不朽信仰。

仲尼^①居^②，曾子^③侍^④。

子^⑤曰："先王^⑥有至德要道^⑦，以顺天下^⑧，民用和睦^⑨，上下^⑩无怨。汝^⑪知之乎？"

曾子避席^⑫曰："参^⑬不敏^⑭，何足以

① 仲尼：孔子的字。同辈互称，均称字而不称名，以示尊重。弟子、晚辈对于师长，更不能称名，甚至称字也显得不尊重，比如弟子对于老师，一般称"子"。此处为经文开篇，不能不明确提到孔子，故称其字；下文皆称为"子"。孔子，鲁国人，春秋末期思想家、政治家、教育家，儒家学派创始人。据《史记·孔子世家》载，孔子名丘，生于鲁襄公二十二年（公元前551年），卒于鲁哀公十六年（公元前479年），享年七十三岁。② 居：闲坐，一般是指在家中休闲时的状况。③ 曾子：名参，字子舆，孔子弟子，鲁国人，后世尊为"宗圣"。《史记·仲尼弟子列传》："曾参，南武城人，字子舆。少孔子四十六岁。孔子以为能通孝道，故授之业。作《孝经》。死于鲁。"④ 侍：卑者侍奉在尊者之侧。邢昺《疏》："凡侍有坐有立。"古文《孝经》作"曾子侍坐"。故这里"侍"为侍坐之意，也就是在孔子座席旁边陪坐。⑤ 子：古代对男子或老师的通用尊称。中国古籍中，单称"子"而不冠以姓氏者，皆指孔子，这一细节凸显了孔子在中国文化中的地位。⑥ 先王：古代的圣德之王，如唐尧、虞舜、夏禹、商汤、周文王、周武王、周公等。唐玄宗《孝经注疏》（以下简称"唐玄宗《注》"）认为是指"先代圣德之主"。⑦ 至德要道：至德，最美好、最高尚的德行；要道，最精要、最重要的方法。⑧ 以顺天下：以之顺天下，用孝道促使天下人心和顺。以，用。顺，和顺。一说"顺"通"训"，训导之意。⑨ 民用和睦：民众因此能够和睦无怨。用，因而、由此。和，协调、融洽。睦，相亲。⑩ 上下：各个阶层的人。⑪ 汝：你，指曾参。⑫ 避席：离开座位站起来以示恭敬。席，以竹、草编成铺在地上供人坐卧的用具。春秋时期还没有椅子，人们席地而坐。曾参本侍坐于侧，因孔子问话，为表示对老师的尊敬，起身离开座席，站立回答。⑬ 参：曾子自称名。按照礼制，臣下、晚辈、弟子在君上、父辈、师长面前自称其名。⑭ 不敏：不敏达，不聪慧。自谦之词。

zhī zhī
知之①？"

zǐ yuē fú xiào dé zhī běn yě jiào zhī suǒ
子曰："夫②孝，德之本也③，教之所
yóu shēng yě fù zuò wú yù rǔ
由生也④。复坐⑤，吾语⑥汝。

shēn tǐ fà fū shòu zhī fù mǔ bù gǎn huǐ
"身体发肤⑦，受之父母⑧，不敢毁
shāng xiào zhī shǐ yě lì shēn xíng dào yáng míng yú
伤⑨，孝之始⑩也。立身行道⑪，扬名于
hòu shì yǐ xiǎn fù mǔ xiào zhī zhōng yě
后世，以显父母⑫，孝之终⑬也。

① 何足以知之：哪里能够知道（至德要道）呢？足，足够，能够。此处为曾参自谦之词。邢昺《疏》："参闻夫子之说，乃避所居之席，起而对曰：'参性不聪敏，何足以知先王之至德要道之义？'"② 夫：发语词。③ 孝，德之本也：所有教化都是从孝道这个根本产生出来的。本，根本。邢昺《疏》："此依郑注引其《圣治章》文也，言孝行最大，故为德之本也。'德'则至德也。"④ 教之所由生也：是一切教化产生的根源。教，教化。古人有"五教"之义。邢昺《疏》："案《礼记·祭义》称曾子云：'众之本教曰孝。'《尚书》'敬敷五教'，解者谓教父以义、教母以慈、教兄以友、教弟以恭、教子以孝。举此则其余顺人之教皆可知也。"⑤ 复坐：返回座席。曾子之前起立对答，所以孔子让他返回原位坐下。⑥ 语：告诉。⑦ 身体发肤：身，躯体；体，四肢；发，毛发；肤，皮肤。⑧ 受之父母：承受于父母。受，承受、秉受。⑨ 不敢毁伤：不敢对（身体发肤）有亏辱损伤。《礼记·祭义》记载，乐正子春曰："吾闻诸曾子，曾子闻诸夫子曰：'天之所生，地之所养，无人为大。父母全而生之，子全而归之，可谓孝矣。不亏其体，不辱其身，可谓全矣。'"⑩ 孝之始："守身"是履行孝道的开始。⑪ 立身行道：自立修身，实践道德理想。立身，独立己身，立身才能行道。行道，行至德要道，行道可以功德反哺自身。⑫ 显父母：显扬父母的声名，使父母荣耀。⑬ 孝之终：孝道的终极阶段、最高追求。

"夫孝，始于事亲，中于事君，终于立身①。

"《大雅》②云：'无念尔祖，聿修厥德③。'"

---

①始于事亲，中于事君，终于立身：从孝顺父母开始；"移孝为忠"，以孝敬父母之心去侍奉君主（投身事业）；最终扬名显亲，忠孝皆备，成就不朽。②《大雅》：《诗经》篇名。《诗经》是经孔子整理的中国最早的诗歌总集，收录了西周初年至春秋中期的305首诗歌，分为《风》《雅》《颂》三部分，其中《雅》又分为《大雅》和《小雅》。雅，正，区别于俗音邪调。《大雅》共31篇，多是西周王室贵族的作品，主要歌颂从后稷以至武王、宣王的功绩，保存着较多周初及"宣王中兴"的史料，有些诗篇对周厉王、幽王时期的政治混乱和统治危机也有反映。③无念尔祖，聿修厥德：常常怀念祖先的恩泽，念念不忘继承和发扬他们的德行。语出《诗经·大雅·文王》。该诗反复赞颂文王受"天命"而创立周朝。无念尔祖，追念你的先祖。无，发语词，无实义。念，想念。聿修厥德，修述先祖的功德。聿，述、祖述，也有人认为是发语词，无实义。修，继承。厥，其，代词，此处指代文王。《孝经》共有11章引用了《诗经》《尚书》中的文字，以示"言不虚发"。这是古人作文常用的手法，引用经典来为自己的观点增强说服力。

天子章第二

《孝经》对不同等级的人提出了相应的要求，有天子之孝、诸侯之孝、卿大夫之孝、士之孝以及庶人之孝，唐玄宗《注》将其合称为"五孝"。本章及以下四章对"五孝"分而论之。

《天子章》，经文 52 个字，合章名共 57 个字。此章讲述作为天下共主、所谓"君天下"（《礼记·曲礼下》）的天子应尽的孝道，论说天子如何把爱敬双亲之心扩展至天下百姓，让万民受到感化，进而效法天子而对父母尽孝。

古人认为"唯天子受命于天，士受命于君"（《礼记·表记》记孔子语），"王者父天母地，为天之子也"（《白虎通义·爵》），故称帝王为"天子"。这是商周以来才有的说法。天子是天下之主，居全民之首，因此他的德行自然就成为天下的表率。孔子说："君子之德风，小人之德草。草上之风，必偃。"（《论语·颜渊》）上位者的道德就像风，民众的道德就像草，风往哪个方向吹，草就往哪个方向倒。天子若能以上率下，施行孝道，对父母尽其爱敬之情，那么，百姓就会起而效法，也去敬爱父母。反之，如果天子做出了有悖于德孝道义的行为，同样会影响到举国上下。因此，天子之孝对于国家的长治久安尤为重要。

"爱亲者不敢恶于人，敬亲者不敢慢于人"，这句话虽出现在《天子章》，却是对"五孝"的共同要求，是孝德之本的逻辑起点，是孝道大厦的伦理基石。爱与敬，作为人类的两种基本情感，生成于子女和父母的内部空间，扩展于家族、国家、天下的外部空间，是"内外"和谐秩序、良风美俗的立足点。

邢昺《疏》所引东晋学者袁宏的话"亲至结心为爱，崇恪表迹为敬"、隋代经学家刘炫的话"爱恶俱在于心，敬慢并见于貌。爱者隐惜而结于内，敬者严肃而形于外"，都认为爱是发自内心，而敬则体现在外表。无爱则无从生敬，无敬则不能显爱。

《礼记·祭义》："立爱自亲始，教民睦也；立敬自长始，教民顺也。"所有人都是由父母所生，子女本就是父母相敬相爱的结果，子女对父母当然应该相敬相爱。这种良知良能，是人类能够繁衍进步、和谐相处的根本原因。由此，每个人都负有把这种良知良能发扬光大的责任。能力越大，责任越大。天子既然是最尊贵的那个人，当然就应该是最高尚的那个人，也就应负有最大的责任——不仅自己敬爱父母，还要"博爱""广敬"一切人，"民之所好好之，民之所恶恶之，此之谓民之父母"（《大学·传十章》）。更进一步，甚至不仅是爱人，还要爱物，"亲亲而仁民，仁民而爱物"（《孟子·尽心上》），这才是大仁、大爱。

如何推广这种大仁、大爱？"德教加于百姓，刑于四海"，不是靠外在强制力推行，而是躬身力行，成为全民楷模。

子曰①："爱亲者不敢恶于人②,敬亲者不敢慢于人③。爱敬尽④于事亲,而德教加于百姓⑤,刑于四海⑥。盖⑦天子之孝也。

"《甫刑》⑧云:'一人⑨有庆⑩,兆民赖之⑪。'"

① 本章及以下四章,皆为孔子对曾参的讲话。② 爱亲者不敢恶于人:如果真正爱护自己的父母,也就不敢厌恶别人的父母。意思是,天子爱自己的父母,就要扩大去爱天下人的父母,进而去爱护天下所有人,这就是"博爱"。恶,厌恶、憎恨。③ 敬亲者不敢慢于人:如果真正尊敬自己的父母,也就不敢轻慢别人的父母,进而要广泛地敬重所有人。慢,轻侮、怠慢。④ 尽:尽心尽力。⑤ 德教加于百姓:把孝道美德推广到天下百姓。意思是,广大民众以天子为榜样,都去孝敬自己的父母。德教,指孝道的教化。加,施加、推广。百姓,古人认为天下之人各有"族姓","百"是"举其多"。⑥ 刑于四海:让整个天下的人们都能起而效法。刑,通"型",法则、典范、榜样。四海,古人认为中国四周都是大海,四海之内就是整个天下。唐玄宗《注》认为,四海就是四夷,指中国四方的少数民族,刑于四海就是四方文化落后的部族都来效仿。⑦ 盖:语气词,多用于句首。南朝齐梁时的经学家皇侃认为,"盖"在这里表示"略陈于此,未能究竟"。⑧《甫刑》:《尚书》篇名。《尚书》为儒家经典之一,相传由孔子编选而成,书中保存了虞夏商周特别是西周初期的一些重要史料。《甫刑》,即《吕刑》,是吕侯所作,记载了周穆王时期有关刑罚的文告,因吕侯后代改封甫侯,故又名《甫刑》。⑨ 一人:天子。商周时天子常自称"予一人",意思是我这一个人。从臣下的角度说"一人"时,则是指天子这一个最尊贵的人。⑩ 庆:善事,这里指爱敬父母的孝行。"一人有庆",承接上文"爱敬尽于事亲"。⑪ 兆民赖之:天下万民都会仰赖他。兆民,万民,指天下的百姓。古人所说的"兆",既指一百万,也指十亿,后指一万亿。此处泛言极多,非实数。赖,依靠、凭借、仰赖。"兆民赖之",承接上文"而德教加于百姓"。

诸侯章第三①

zhū hóu zhāng dì sān

　　《诸侯章》经文 74 个字，合章名共 79 个字。此章阐明诸侯之孝道。

　　诸侯是天子所分封列国的国君。"侯者，候也，候逆顺也"（《白虎通义·爵》），意思是能够守望、预知顺逆之征兆。南宋学者洪咨夔则认为，除"候逆顺"外，"兼侍候王命矣"，等候天子之命以行事。（《春秋说》）西汉思想家董仲舒也持这种看法："号为诸侯者，宜谨视所候奉之天子也。"（《春秋繁露·深察名号》）

　　《礼记·王制》："王者之制禄爵，公、侯、伯、子、男，凡五等。"唐代经学家孔颖达解释说："此公、侯、伯、子、男，独以侯称名而称诸侯者，举中而言。"也就是

　　① 本章承接上章，仍是孔子对曾参的讲话。古文《孝经》中《天子章》至《庶人章》，都有"子曰"，今文《孝经》只在《天子章》中出现"子曰"，其实这五章都是孔子说的话。

说，以五等爵里既非最高也非最低的"侯"来指代这些国君。而据《尔雅》，"公、侯，君也"，因为容易与天子的"三公"相混淆，故不称"诸公"，而以"诸侯"来称呼"诸国之君"。

在秦统一六国之前，周的封建制度，也就是封土建国，对于维护国家统治、推进文化认同起到了重要作用。周天子亲自管理的区域主要是国都及其周边，称为"王畿"，其余国土则根据血缘的亲疏和贡献的大小分封给诸侯，使其成为各国的国君。当然，有一些国家早已存在，天子也通过分封的方式予以承认。诸侯兼有两重身份：一是天子的臣下，服从王命，定期朝贡，并按照周王的命令交纳赋税、出兵作战；二是作为国家君主，世代相袭，掌握绝对管理权，军事、政治、经济、文化等各项要政都由其处理。

可见，诸侯是天子和国民之间的重要阶层，既高居国民之上，又承担维护天下之责。这种地位使其容易犯凌上慢下的错误，导致天子猜忌，民众怨恨，所以他们的德行孝义也就特别重要。"贵在人上，可谓高矣，而能不骄则免危也。"（唐玄宗《注》）越是"贵在人上"，越需要礼而不骄，才能"长守贵"；越是财货充足，越需要"制节谨度"，才能"长守富"。古人认为"日极则仄，月满则亏"（《管子·白心》），意思是太阳升到最高处就会开始下落，月亮达到圆满后就会开始亏损。孔子曾经在鲁桓公庙看到一个"欹（qī）器"：里面不盛水时，此器会倾斜；放上一半水时，此器则直立；放满水时，此器就会倾覆。孔子感慨道：

"夫物恶有满而不覆哉？"（《孔子家语·三恕》）哪里有太满太溢而不会倾覆的东西呢？因而孔子在本章中强调更多的是诸侯的处世哲学，那就是要做到"在上不骄""制节谨度"，以此"保其社稷""和其民人"。

如何才能做到"高而不危""满而不溢"呢？其根本之处仍在于《天子章》所说的"爱亲者不敢恶于人，敬亲者不敢慢于人"。孔子说："节用而爱人，使民以时。"（《论语·学而》）只有从"爱亲""敬亲"出发，扩展到爱他人之亲、敬他人之亲，才会心怀戒慎，"守之以愚"，"守之以让"，"守之以怯"，"守之以谦"（《荀子·宥坐》）。"节用"就是"制节谨度"，"不敢恶于人""不敢慢于人"就是"在上不骄"。如此，"一谦而四益"（《汉书·艺文志》），做到谦让谨度，会得到天、地、鬼神、人民的祝福和拥护。

人和民是不同的。这里所说的不敢恶、不敢慢之"人"，与孔子所说的"节用而爱人"之"人"是相同的"人"，指的是"君子"阶层，有地位、有官位者，也就是"和其民人"之"人"；而"使民以时"之"民"，与"和其民人"之"民"是一个意思，指的是庶人阶层。这种区别不仅体现在地位的不同上，更体现在责任的不同上。尊贵者既享有尊贵，就需要在德行上做出表率，承担更大的义务。孔子说："夫仁者，己欲立而立人，己欲达而达人。"（《论语·雍也》）有仁德的人，自己想立得住（立身），也要让他人立得住；自己想行得通（行道），也要让他人行得通。从另一个角度讲，做出了表率，承担了义务，也会得到回报。孔子说："是故以富而能富人者，欲贫不可得也；以贵而能贵人者，欲贱不可得也；以达而能达人者，欲穷不可得也。"（《孔子家语·六本》）

"在上不骄①，高而不危②；制节谨度③，满而不溢④。高而不危，所以⑤长守贵也；满而不溢，所以长守富也。富贵不离其身，然后能保其社稷⑥而和其民人⑦。盖诸侯之孝也。

① 在上不骄：处在万民之上而不骄慢。在上，诸侯为列国之君，其地位贵在一国臣民之上，故言"在上"，即处于高位的意思。骄，自满、自高自大。唐玄宗《注》："无礼为骄。"② 高而不危：身居高位，也不会产生倾覆的危险。高即上，言诸侯居于一国最高之位，容易有跌落的危险。危，危殆、危害。此接上句，意为诸侯居于万人之上的高位，仍能不自高自大，则不会发生危殆。③ 制节谨度：节约费用，谨守法度。制节，节制，花费节省，生活俭朴。谨度，言行谨慎而合乎礼法。④ 满而不溢：财富充足，也不奢侈浪费。满，国库充实，钱财很多。溢，过度、溢出，此处指生活奢侈。唐玄宗《注》："奢泰为溢。"⑤ 所以：以此。所，指实现"长守贵""长守富"的方法。以，凭借。⑥ 社稷：国家。社，土神，也是祭祀土神的场所。稷，谷神，为五谷之长。土地与粮食是国家的根本，古代立国必先祭社稷之神，因而，社稷便成为国家的代称。天子和诸侯，都要在都城建立"社稷"以祭祀，为国家求福报功。⑦ 和其民人：使自己国家的民众和睦相处。和：和睦，这里是"使……和睦"的意思。民人，古人将贵族和官吏阶层称为"人"，将普通民众称为"民"，"人"与"民"这两个字是有不同含义的。皇侃认为："民是广及无知"，指广大的没有知识的阶层；"人是稍识仁义，即府史之徒"，指有些文化而进入官员阶层的人。

　　"《诗》① 云：'战 战 兢 兢，如 临 深 渊，
如 履 薄 冰②。'"

shī yún zhàn zhàn jīng jīng rú lín shēn yuān rú lǚ bó bīng

　　①《诗》：《诗经》。先秦时期《诗经》只称为《诗》或《诗三百》，汉代尊崇儒术，重视儒家著作，才加上"经"字，称为《诗经》。② 战战兢兢，如临深渊，如履薄冰：要恐惧戒慎，小心翼翼，就像站在深渊之旁，又像踏在薄冰之上。战战兢兢，恐惧谨慎的样子。临，来到。履，踩踏。此句引自《诗经·小雅·小旻》，描写周幽王不听良谋，贤人有临渊履冰之惧。《小雅》共七十四篇，大抵产生于西周后期和东周初期。有的是宴会的乐歌，主要是反映统治危机并对此表示忧虑的政治诗；有的则表现了周王室与西北少数民族以及东方诸侯各国之间的矛盾；有的内容及风格与《国风》中的民间歌谣相似。

卿大夫章第四

qīng dà fū zhāng dì sì

《卿大夫章》经文 87 个字，合章名共 93 个字。

天子和诸侯都有卿大夫，天子的卿大夫比诸侯的卿大夫地位要高一级。他们在治国理政中起承上启下的作用：对上协助君王制定政策，辅佐其治理国家，有效地把理政措施落实下去，并负有纳贡和服役的义务；对下则是国家行政的枢纽和重要支撑，是具体执行者，对政治有很大的影响。所以其地位很高，仅次于诸侯。这就要求卿大夫在言语上、行动上要合于礼法，"其身正，不令而行"（《论语·子路》），起到示范人群的作用。因而《孝经》将"卿大夫之孝"列为第四章。

卿大夫相比于天子、诸侯，更接近庶民百姓。其岗位和职权对于家国治理非常直接，是整个社会的基石。天子是"有天下者"，诸侯是"有国者"，卿大夫则是"有家者"。中国文化中"国家"的概念就是由此而来，"修身、齐家、治国、平天下"的理念也是由此而来。战国以后，封建之"家"解体，宗族取代了"家"。

《白虎通义·爵》："公卿大夫何谓也？内爵称也。内爵称公卿大夫何？爵者，尽也。各量其职，尽其才也。公之为言公正无私也。卿之为言章也，章善明理也。大夫之为言大扶，扶进人者也。"卿这一官爵，地位在诸侯之下、大夫之上，也称"上大夫"；卿就是"章"，善于辨明事理的意思。大夫这一官爵，分上、中、下三等；"大夫"就是"大扶"，"扶进人者也"，能够扶持别人，"进贤达能"的意思。他们与"公正无私"的公一样，在不同的岗位上"各量其职"，各"尽其才"。

孔子处于春秋晚期，周天子已经式微，不仅仅是"礼乐征伐自诸侯出"，诸侯掌握了军事征伐之权，而且"陪臣执国命"（《论语·季氏》），很多诸侯国由卿大夫专权，社会动荡不安。越是在这种"礼坏乐崩"的时期，越能体现出卿大夫这一承上启下阶层的作用，越需要这一阶层努力践行"先王之道"。

"卿大夫之孝"主要体现在三个方面：服饰、言论和德行。人与人接触，先见其服饰，再听其言谈，再观其德行。服饰是身份的标志，卿大夫必须依据礼制来穿着，这样一方面可以代表官方的身份，便于处理公务，另一方面是为了接受百姓的监督，对自身起到警示的作用。衣冠服饰，本就是一个民族的标识，是主动性地区分于其他文明的特征符号。言论和德行是"卿大夫之孝"的重点内容。卿大夫的一言一行、一举一动，老百姓都看在眼里、记在心里，也会受其影响表现在自己的行动上。因此，孔子在此章中强调卿大夫的言行一定要符合礼仪的规定，为百姓做出表率，要像《诗经》中所提到的卿大夫的楷模仲山甫那样，"夙夜匪懈"，从早到晚毫无懈怠，尽心竭力、尽忠职守。三者之中，德行最重要。明代学者项霦在《孝经述注》中说："得于心曰德，措诸事曰行。"只有心中有爱敬，才能修德行礼，言论和服饰才有依托有意义。

孔子认为，在德行修养和社会管理中，孝都起到基础性作用。体现在本章中，实际上就是"法先王"的思想。"先王"指的是先代之"明王"，而不是"昏君"。既然是世人公认的"明王"，其德行和创制当然都经过了历史的考验和实践的检验，足以成为后人的借鉴和法度。子曰："父在，观其志；父没，观其行；三年无改于父之道，可谓孝矣。"（《论语·学而》）父亲在世时，观察儿子的志向；父亲去世后，观察儿子的行为；若其对父亲优秀的德行能够继承下来并长期坚持，就可以说做到孝了。"无改"，其中蕴含的是子对父的爱与敬——爱其亲恩，敬其业绩。儿子对父亲是这样，推广到国家层面，后人对先王之道、先人之"明德"如果能做到继承并坚持，"非法不言，非道不行"，就可以"无口过""无怨恶"，"然后能守其宗庙"了。这是一种基于父子之孝的道德意识，也是后人对先人的道义责任。

对先王之道的辨析、继承、坚守与创新，从来不是局限于某一时空的，而是一代一代接续着的。先王不合于时宜的举措，或者为后人所淘汰，或者会悄悄消失在历史的长河中。而后人参与选择的这个过程，其实已经融入历史当中。裁汰落后的制度，创新先进的法度，"后王"也会慢慢成为"先王"，而"我们"永远在创新和转化的进程中。这就是中华文明的连续性与创新性之所在。

"非先王之法服①不敢服②，非先王之法言③不敢道④，非先王之德行⑤不敢行⑥。是故非法不言，非道不行⑦；口无择言，身无择行⑧。言满天下无口过⑨，行满天下无怨恶⑩。三者⑪备⑫矣，然后能守其宗庙⑬。盖卿大夫之孝也。

"《诗》云：'夙夜匪懈，以事一人⑭。'"

①法服：按照礼法制定的服装。古代的服装，按照身份等级区分不同的式样、颜色、花纹、质料等。唐玄宗《注》："先王制五服，各有等差。"五服指天子、诸侯、卿、大夫、士之服，不同等级的人应穿着相应的服装，不能"僭（jiàn）上偪（bī）下"。下位者穿着上位者的服饰，则为"僭上"（僭越上级）；反之，则为"偪下"（挤压下级），使下级无所适从。②服：穿着。③法言：礼法之言，指合于情、理、法的言论。④道：言说，谈论。⑤德行：合乎先王道德的行为。⑥行：做。⑦非法不言，非道不行：不合礼法之言不说，不合道德之事不做。唐玄宗《注》："言必守法，行必遵道。"⑧口无择言，身无择行：由于言行都能自然遵守礼法道德，所以说话做事时不必反复考虑、斟酌后再去施行。一说"择"通"斁"（dù），即"败坏"，则这句话的意思就成了：不讲道德败坏的言论，不做道德败坏的事情。还有人认为"择"通"殬"（yì），即"讨厌"，则这句话的意思就成为：深思熟虑后说出的话符合德礼的要求，所以不会让人讨厌。⑨言满天下无口过：纵使言语传遍天下，口中也不会有过失。满，充满、遍布。口过，说错话。过，过失。⑩怨恶：（受到）怨恨厌恶。⑪三者：上文先王之"法服""法言""德行"。⑫备：完备。⑬宗庙：天子、诸侯、卿大夫祭祀祖先的场所，代指封地、家族。⑭夙夜匪懈，以事一人：早晚勤奋不懈，尽心侍奉天子。语出《诗经·大雅·烝民》，该诗写周宣王命卿大夫仲山甫筑城于齐，以防御夷狄的入侵，尹吉甫作诗以赠之，赞美宣王任贤使能，中兴王朝。夙，早晨。夜，晚间。匪，通"非"，不。懈，怠惰、松懈。

　　《士章》经文84个字，合章名共88个字。此章阐述基层官员——士的孝道。

　　士本是上古掌刑狱之官。商周时期，士是次于卿大夫的最低一等的贵族阶层，地位介于大夫和庶人之间，分为上士、中士、下士三级。《礼记正义》将公、侯、伯、子、男称为"南面之君"，将上大夫（卿）、下大夫、上士、中士、下士称为"北面之臣"。士又是低级官吏的名称，如乡士、方士、朝士、都士、家士。士还是对具有各种才能的人的通称，如武士、智士等。《毛诗传》和《白虎通义·爵》都认为，士就是"事"，能"任事"，也就是能做事的人称为士。能任事，当然需要有学问。《说苑·修文》："辨然否，通古今之道，谓之士。"能够分辨是非善恶，通晓古今演变的，才能称为士。

　　士是社会的中坚力量，他们有自己的专长，希望实现自己的价值。在当时的社会环境中，士必须投靠在各级"君"（天子、诸侯、有封地的卿大夫）的门下，大多成为卿大夫的家臣，少数见用于天子和诸侯。其中天子之士称为"元士"，以区别于诸侯和卿大夫之士。士的官位虽然不高，但为国尽职、为君尽忠的要求和卿大夫是一样的。

士的孝道在于"移孝为忠"，以侍奉父母的爱敬之心对待国君、师长，做到事君以忠、事长以顺。具体来说，就是把侍奉父亲的爱心移来以爱母亲，把侍奉父亲的敬心移来以敬君上。爱与敬，都是发于内心的最真挚、最醇厚的情感。对母亲并非不敬，但更重视其爱；对父亲并非不爱，但更重视其敬。邢昺《疏》引隋代儒者刘炫的观点："夫亲至则敬不极，此情亲而恭也。尊至则爱不极，此心敬而恩杀也。故敬极于君，爱极于母。"对母亲的爱高于敬，因为母亲更加亲近；对父亲的敬高于爱，因为父亲更加威严。所以敬的极点在于敬君，因为君最威严，"君以尊高而敬深"（邢昺《疏》）；爱的极点在于爱母，因为母亲最亲近，"母以鞠育而爱厚"（邢昺《疏》）。那么说，父亲的爱敬既低于君也低于母吗？恰恰相反，"兼之者父"，只有父亲既尊且亲，是兼有爱和敬的。南齐学者刘瓛说："父情天属，尊无所屈，故爱敬双极也。"父亲的爱是天然存在的、无可取消的，父亲的敬是最受尊重、无可比拟的，所以爱与敬的极点同时体现在父亲身上。

经文中说"资于事父以事母""资于事父以事君"，并不是母亲那里没有爱和敬，只能从父亲那里取来爱以事母，只能从父亲那里取来敬以事君，而是"爱父与母同，敬父与君同"（唐玄宗《注》），父亲是"爱敬双极"。这里是举其大者来说的。

有人问孟子："士何事？"士应如何修养？孟子回答："尚志。"要以立志为先。"何谓尚志？""居仁由义。"（《孟子·尽心上》）内存仁爱之心，行事遵循道义。仁义由何而来呢？"其为人也孝弟（通"悌"），而好犯上者，鲜矣；不好犯上，而好作乱者，未之有也。君子务本，本立而道生。孝弟也者，其为仁之本与！"（《论语·学而》）有孝心、行悌道的人，很少有犯上作乱的。因为一个人只有确立了价值观这个根本条件，才能养成道义，而孝悌就是仁义之根本。"尧舜之道，孝弟而已矣。"（《孟子·告子下》）圣人大道，都由孝悌而来。

梁武帝在《孝经义疏》中说："《天子章》陈爱敬以辨化也。此章陈爱敬以辨情也。"《天子章》讲爱敬是为了教化天下，本章讲爱敬则是出于最朴素的亲人情感。最朴素的、最自然的，往往最有力量。因此，移孝事忠、尽忠报国，移敬事长、尊重贤能，才具有中国文化背景下的可行性、必行性，才能推动我们这个国家绵延五千余年，成为世界主要文明中唯一没有中断的文明。

"资于事父以事母①，而爱同②；资于事父以事君③，而敬同④。故母取其爱⑤，而君取其敬⑥，兼之者父也⑦。故以孝事君则忠⑧，以敬事长则顺⑨。忠顺不失⑩，以事其上，然后能保其禄位⑪，而守其祭祀⑫。盖士之孝也。

"《诗》云：'夙兴夜寐，无忝尔所生⑬。'"

①资于事父以事母：用奉事父亲的爱来奉事母亲。资，取、拿。②爱同：爱母与爱父相同。③资于事父以事君：用奉事父亲的敬来奉事君主。④敬同：敬君与敬父相同。⑤母取其爱：对母亲要重视爱。邢昺《疏》："母以鞠育而爱厚。"有人则认为：母亲对子女主要取其亲爱之情。⑥君取其敬：对君主要重视敬。邢昺《疏》："君以尊高而敬深。"有人则认为：君主对臣下主要取其尊敬之情。⑦兼之者父也：对父亲则是要爱敬兼备。⑧以孝事君则忠：据唐玄宗《注》，"移事父孝以事于君为忠矣"。⑨以敬事长则顺：据唐玄宗《注》，"移事兄敬以事于长则为顺矣"。长，这里指公卿大夫、上级。⑩忠顺不失：在尽力和服从两个方面都能坚守。忠，尽力而为、尽忠职守。北宋大儒程颐认为："尽己之谓忠。"失，失去。⑪保其禄位：保有俸禄职位。禄，俸禄。位，职位。⑫守其祭祀：守住宗庙的祭祀，意思是延续家族血脉。祭祀，指备置祭品以祭神供祖的活动。祭，《说文解字》说，就是"以手持肉"以奉神。邢昺《疏》："'祭'者，际也。神人相接，故曰际也。"祀，《说文解字》说，就是"祭无已也"，代代相祭不绝的意思。邢昺《疏》："'祀'者，似也，言孝者似将见先人也。"⑬夙兴夜寐，无忝尔所生：要早起晚睡、不分昼夜地勤勉尽责、修身慎行，不要有辱于生养自己的父母。语出《诗经·小雅·小宛》，此诗写大夫遭时局之乱，兄弟相诫以免祸。夙，早上。兴，起床做事。寐，睡觉。忝，羞辱、侮辱。所生，生身父母。

庶人章第六

《庶人章》经文 43 个字，合章名共 48 个字。此章是天子、诸侯、卿大夫、士、庶人"五孝"的最后一条，讲述平民百姓的孝道。

庶，是众、多的意思。庶人又称庶民，也就是众人，指一般百姓，也包括低级吏员。邢昺《疏》引南朝齐梁学者严植之的观点："士有员位，人无限极，故士以下皆为庶人。"士是官员，有名额限制，而普通人则无数额的局限，所以士以下的人都称为庶人。庶人是拥有自由身份的平民，是奴隶之外最低的阶层，也是古代等级社会中最广大、最普通的一个群体，所从事的职业有农、工、商之别。

庶人是最主要的生产者，是社会财富的主要创造者，是国家、社会的基本组成部分，也是天下安定繁荣的根本。"民惟邦本，本固邦宁。"（《尚书·五子之歌》）百姓是国家的根基，根基牢固，国家才能安定。

庶人行事，要"用天之道"，遵循自然规律，春生，夏长，秋收，冬藏，"举事顺时"，按照天时生成之道来做事。要"分地之利"，充分利用不同类型的土地，以出产尽可能多的作物。中国古人早就认识到土地的差异特性，并分门别类进行管理。孔子担任鲁国司空时，"别五土之性"，区分山林、川泽、丘陵、平原、湿地五种土地，使物"各得其所生之宜"，生产取得了很好的效果。(《孔子家语·相鲁》)同时，在日常生活中，要不违礼法，恭谨做人，节约用度，以更好地奉养父母，使其安享天年。总之，顺应自然规律，勤奋劳作，节省开支，赡养父母，这就是"庶人之孝"。

儒家认为，奉养父母，只是最低层次的孝。"大孝尊亲，其次弗辱，其下能养。"(《礼记·祭义》)最大的孝是给予父母发自内心的尊重与敬爱，使父母荣耀，扬名于后世；其次是不因自己的无德无能使父母受辱；最后才是能奉养父母。但是，最低的，往往是最基本的，也是最重要的。如果连"养"都做不到，还谈得到其他吗？

孔子的学生子路对此很有体会："家贫亲老，不择禄而仕。"如果家中贫穷，父母年老，那么子女不能对工作挑三拣四，只要能有俸禄，就赶紧出来做事，以养父母。"昔者由也事二亲之时，常食藜藿之实，为亲负米百里之外。"(《孔子家语·致思》)子路为了省下粮食给父母，经常吃野菜、粗粮；为了让父母吃上饭，曾经跑到百里之外背粮食。曾子对此有更深刻的理解："往而不可还者，亲也；至而不可加者，年也。是故孝子欲养，而亲不待也；木欲直，而时不待也。"（《韩诗外传》卷七）离开人世再不会回来的，是父母；年龄到了再不会增加的，是寿命。孝子想要多孝敬父母几年，可寿命并不会停下来等待；树木长弯了再想直立，时机往往已经错过了。"故家贫亲老，不择官而仕。若夫信其志约其亲者，非孝也。"（《韩诗外传》卷七）如果家贫且父母年迈，不要挑拣官位，尽快出仕，赚钱养家。如果只知道坚守自己清高的志向，而使父母陷于贫困，那绝不是孝。

此章对天子、诸侯、卿大夫、士、庶人的"五孝"做了总结，指出上自天子，下至平民，"孝"的内容不尽一致，孝的实质却是相同的。人有尊卑贵贱，孝道则无高下之分，无终始之别。

行孝很简单，行孝也很容易，只要去做就可以了。

"用天之道①，分地之利②，谨身节用③，以养父母。此庶人之孝也。

"故自天子至于庶人④，孝无终始⑤，而患不及者，未之有也⑥。"

①用天之道：顺应春、夏、秋、冬四季变化的自然规律。用，利用、顺应、遵循。②分地之利：分辨土地的特性和优势，因地制宜种植农作物等。分，区别、分别。利，利益、好处。③谨身节用：谨身，对自己的身体恭敬、谨慎，言行合于礼法，不做违礼的事。节用，节约俭省，生活不奢侈、浪费。④自天子至于庶人：从天子到诸侯、卿大夫、士，再到庶人，无论尊贵卑贱，只要是人，都要实行孝道。⑤孝无终始：实行孝道，既没有上文所说的贵与贱的不同，也没有开始与终止的说法。从天子到百姓，不分贵贱，行孝都是无始无终、没有止尽的。⑥患不及者，未之有也：担心自己不能做到孝道，是不会有的。患，忧虑、担心。及，赶上、做到。全句意为：从天子到庶人，实行孝道是人人都能做到的，不在于其地位的尊贵还是卑贱。因此，担心自己做不到孝，是没必要的。另一说释"患"为祸患，则释全句为：如果行孝道用心不纯，用力不果，致使在立身和事亲方面自始至终都没有做好。这样，要想祸患不及其身，那是不可能的。

三才章第七

　　《三才章》经文129个字，合章名共134个字。孔子继"五孝"以后，进一步阐述孝道的含义，指出孝道是贯通天、地、人而为一的至德大道。

　　古人称天、地为"二仪"，加上人则为"天经、地义、人行"，合称"三才"。《易·说卦》："昔者圣人之作《易》也，将以顺性命之理。是以立天之道曰阴与阳，立地之道曰柔与刚，立人之道曰仁与义。"圣人顺应天性本命之理，区分天、地、人之道，天之道在阴与阳，地之道在柔与刚，人之道在仁与义。

　　中国古人长期思考人与天地的关系："唯天下至诚，为能尽其性；能尽其性，则能尽人之性；能尽人之性，则可以尽物之性；能尽物之性，则可以赞天地之化育；可以赞天地之化育，则可以与天地参（即'叁''三'）矣。"（《中庸》第二十二章）"至诚"就是"至善"，只有做到至诚至善，才能"尽其性"，将自己的天赋善性养育充盈：这是从修养来说的。"尽人之性"，则是要培养充实别人的善性，"老吾老，以及人之老；幼吾幼，以及人之幼"（《孟子·梁惠王上》）；还要培养充实后人的善性，"继往圣，开来学"（《朱子全书·周子书》），为万世开太平：这是从实践来说的。"尽人之性"后，还要"尽物之性"。"尽物之性"与"尽人之性"其实是统一的，因为天道与地道、人道本就是统一的。所以，推己及人、民胞物与，成为儒家之道的内在逻辑。"尽物之性"，就是"赞天地之化育"。人处于天地之间，既是自然的一部分，又是独立的个体。从自然这一整体而言，人应顺应天地，不能违背其规律；从人类自身而言，又要发挥能动性，补天地之不足，为天地所不为。如此，才能真正与天地"合而为三"。"合而为三"，其真意应该是"合而为一，分而为三"。当分则分，当合则合，有分有合，各尽其职，这才是真正的"天人合一"。

曾子赞美孝道的伟大。孔子认为，孝道的本源取法于天地，是"天经地义"之道，当然伟大。"若日月星辰运行于天而有常，山川原隰（xí，低湿之地）分别土地而为利，则知贵贱虽别，必资孝以立身，皆贵法则于天地。"（邢昺《疏》）日月星辰运行在天上，是自然而然的，也是永远不会改变的，这就是"常"。大地区分"五土"可以生长不同的作物，"利物足以合义"（《易·文言》），以其出产的作物造福生灵。大地利物是不会变的，因与天分别而论，所以这里称为"义"，如果合而言之，也是"常"。与"天之经""地之义"相应的"人之行",就是取法于天地恒常不变之道的孝道,就是人类本性中本来自有的孝德,这是"百行之首",是最重要的德行。只有行孝才能"立身","不得乎亲,不可以为人"(《孟子·离娄上》),只有践行孝道的人,才能成为真正的"人",成为与"天地"并立为三的"人"。对于真正的"人"来说,孝道与天地之道一样,同样是"常"。

孝道如此重要,因此需要立为政教,以教化世人。如何教化?"政者,正也。子帅以正,孰敢不正?"(《论语·颜渊》)"政"字的意思就是"正"。上位者率先示范,谁敢不跟从?"其身正,不令而行;其身不正,虽令不从。""不能正其身,如正人何?"(《论语·子路》)管理者自身端正,做出表率,"民具尔瞻",老百姓都看在眼里,那么不强制命令,也能行得通;如果自己做得不好,即使三令五申,百姓也不会信从。所以,需要"先之以博爱"后,再"陈之以德义";"先之以敬让"后,再"导之以礼乐";最后"示之以好恶",人们都知道好和坏。如此,民众风行景从,起心效法,"莫遗其亲","和睦""不争",不需要严刑峻法来约束,而是自然慕而归善矣。

曾子曰：“甚哉，孝之大也①！”

子曰：“夫孝，天之经也②，地之义也③，民之行也④。天地之经而民是则之。则天之明⑥，因地之利⑦，以顺天下⑧。是以其教不肃而成⑨，其政不严而治⑩。

“先王⑪见教之可以化民也⑫，是

① 甚哉，孝之大也：啊，孝道的意义实在太大了！甚，很、非常。哉，语气词，表示感叹。大，此处主要指孝道内涵的广博和意义的广大。② 天之经也：孝道犹如天的运行规律，恒常不变。天空中的日月星辰，永远有规律地照临人世。孝道也是如此，是永恒的道理、不可变易的规律。经，常、常规、原则，指永恒不变的道理和规律。③ 地之义也：孝道犹如地之道利益万物。大地化育万物，生生繁衍，为人类提供丰饶的物产，皆有合乎道理的法则。孝道也是如此，乃是必须遵从的义务，是生活的法则。义，指应当遵循的公正适宜、合乎自然的道理和原则，就如同大地能生养万物一样。④ 民之行也：孝道是人的一切行为中最根本的品行和德行，是符合天地之性的必然行为。行，品行、德行。⑤ 是：指示代词，复指前文之“天地之经”。⑥ 则天之明：仿效天上的日、月、星辰，给人以光明。则，效法、仿效。⑦ 因地之利：充分利用地利，以滋养生息。因，凭借。⑧ 以顺天下：以（孝道）和顺天下人心。⑨ 是以其教不肃而成：因此教化不需要严肃的态度就可成功。是以，即以是，因此。其，天子诸侯。肃，用严厉惩治的办法去强制民众接受。成，成功、成就、达到目的。⑩ 其政不严而治：政令无须靠严厉的手段推行而天下大治。严，严苛的手段。政，政治、政事。治，治理，即天下太平、社会安定。⑪ 先王：已逝世的古代明王，此处指夏禹、商汤、周文王、周武王等圣王。古书中提到的“先王”，一般都指的是先代明王。⑫ 教之可以化民也：用德孝教导可以感化民众。化，感化。

故^①先之以博爱^②而民莫遗其亲^③，陈之以德义^④而民兴行^⑤，先之以敬让而民不争^⑥，导之以礼乐^⑦而民和睦，示之以好恶^⑧而民知禁^⑨。

"《诗》云：'赫赫师尹，民具尔瞻^⑩。'"

---

①是故：因此。②先之以博爱：率先实行孝道，博爱大众。先，率先实行，带头去做，为民众做出榜样。博爱，广泛地实行仁爱，泛爱众人。③民莫遗其亲：百姓不会遗弃双亲。遗，遗弃、遗忘。④陈之以德义：陈说道德之美、正义之善。陈，广布、陈说。⑤民兴行：百姓心生仰慕，愿意效法，都会积极讲道德、行义举。兴，起。行，实行。⑥不争：不因利益而无原则地争夺。⑦导之以礼乐：用礼仪和音乐来引导和教育人民。⑧示之以好恶：告知人民什么是好的，什么是坏的。示，拿出来给人看，使人明白。好，喜好的、提倡的。恶，厌恶的、反对的。一说"好恶"读为hǎo è，亦通。⑨民知禁：人民知道禁令而不违犯。禁，禁止，即不许做的非法的事。⑩赫赫师尹，民具尔瞻：助君行化教民的尹氏，真是民众仰望的好模范。引自《诗经·小雅·节南山》，诗写周王重用尹氏收治混乱的事迹。赫赫，光明盛大的样子。师尹，周朝三公（太师、太傅、太保）之一，太师尹氏。具，都。尔，你，指师尹。瞻，仰望。

孝治章第八

　　《孝治章》经文 142 个字，合章名共 147 个字。此章分别阐述了天子、诸侯、卿大夫如何以孝治理天下、国家和家族，以及孝治的重要性。

　　邢昺《疏》："前章明先王因天地、顺人情以为教。此章言明王由孝而治。"这里明确提出了"孝治"说，即以孝道来治理天下。"孝治"说对后世影响很大，历代王朝都标榜"以孝治天下"，形成了独具特色的古代中国社会治理机制。

　　第一个以孝治天下的"明王"，后人公认为舜。"天下大悦而将归己。视天下悦而归己，犹草芥也，惟舜为然。不得乎亲，不可以为人；不顺乎亲，不可以为子。舜尽事亲之道而瞽（gǔ）瞍（sǒu）厎（dǐ）豫（yù），瞽瞍厎豫而天下化，瞽瞍厎豫而天下之为父子者定，此之谓大孝。"（《孟子·离娄上》）舜孝顺他的父亲瞽瞍和后母，贴心照顾后母之子，"年二十以孝闻"（《史记·五帝本纪》），20

岁时就因孝道而远近闻名。据说，受后母影响，瞽瞍多次想要害死舜，但想要行动时，总是找不到舜的踪影；而父母需要帮助时，舜总是能够及时出现。瞽瞍最终受到感化，心情厎豫（快乐）。舜对父母的爱与敬发自内心，并把这种爱敬立为德教、政教，以顺天下人心，这就是大学所说的"絜（xié）矩之道"，"上老老而民兴孝，上长长而民兴弟，上恤孤而民不倍"（《大学》传十章）。不仅要做到身正，还要"先之劳之"，以上率下，做在别人之前，自己"得乎亲""顺乎亲"，然后推己及人，力行"老老""长长""恤孤"这三件善政。因爱自己的父母而及于他人的父母，于是百姓都生孝亲之心；因敬自己的兄弟而及于他人的兄弟，于是百姓都生敬长之意；推而广之，爱护天下万民，尽己之力周济孤弱，于是人心不会背离，"天下大悦"，都服从舜的领导。这就是"昔者明王之以孝治天下"的来源。

以孝亲之心治理天下，则"不敢恶于人，不敢慢于人"，就会把爱与敬体现在对待尊卑、贵贱各个阶层人们的态度上。上至王朝的"公、侯、伯、子、男"，下至"小国之臣"，上至诸侯国中的"士民"，下至"鳏寡"，上至卿大夫家中的"妻子"，下至"臣妾"，都给予应有的爱护和尊重。以此引导每个人从自己做起，使自己的父母"生则亲安之""祭则鬼享之"。每个人的父母都能如此，而每个人也都会成为父母，岂不是最终所有人都能"生则亲安之""祭则鬼享之"？整个社会就会"天下和平，灾害不生，祸乱不作"，国泰民安。

子曰："昔者①明王②之以孝治天下也，不敢遗小国之臣③，而况于公、侯、伯、子、男④乎？故得万国之欢心⑤，以事其先王⑥。

"治国者⑦不敢侮⑧于鳏寡⑨，而况于士民⑩乎？故得百姓之欢心⑪，以事其先君⑫。

①昔者：昔日，过去的。②明王：（先代）圣明之王。③遗小国之臣：失礼轻视小国派来的使臣。遗，遗忘、怠慢失礼。小国之臣，小诸侯国国君派到王朝来聘问天子的使臣。小国之臣容易被疏忽怠慢，对于他们，圣明的君王都不敢失礼轻视，何况对自己分封的公、侯、伯、子、男呢？这就是《天子章》所讲的"爱亲者不敢恶于人，敬亲者不敢慢于人"。④公、侯、伯、子、男：周朝分封诸侯的五等爵位。⑤万国之欢心：各国诸侯的拥护。万国，天子分封的四方各诸侯国。万，很多、无数，是极言其多，并非实数。欢心，爱戴、拥护之心。⑥事其先王：各诸侯国前来王朝都城助祭天子先王的宗庙。先王，天子已去世的父祖。这是说各国诸侯都来参加祭祀先王的典礼，贡献祭品，以示对天子的顺从。⑦治国者：治理国家的君主，即天子所分封的诸侯。⑧侮：轻视，凌辱，怠慢。⑨鳏寡：无依无靠的弱势群体。鳏，老而无妻者。寡，老而无夫者。另外，少而无父者为孤，老而无子者为独。这里以鳏寡指代各种无依无靠的人。⑩士民：士人和庶民。此处士人指庶民中有知识、有德行的人，并不是有官位的士。⑪百姓之欢心：百姓的爱戴。⑫事其先君：百姓都主动恭敬地献物给诸侯以协助祭祀诸侯的祖先。先君，诸侯已去世的父祖，比"先王"低了一个等级。

"治家者^①不敢失于臣妾^②，而况于妻子^③乎？故得人之欢心^④，以事其亲^⑤。

"夫然^⑥，故生则亲安之^⑦，祭则鬼享之^⑧，是以天下和平，灾害不生^⑨，祸乱不作^⑩。故明王之以孝治天下也如此。

"《诗》云：'有觉德行，四国顺之^⑪。'"

① 治家者：治理家族、受禄养亲的卿大夫。家，卿大夫的封地。② 不敢失于臣妾：对臣仆婢妾都不敢失礼。失，失礼，指所言所行不合礼仪。臣妾，仆婢，臣为男，妾为女。古文《孝经》在"臣妾"下有"之心"二字。③ 妻子：妻子和儿女。妻，妻室。子，子女。④ 得人之欢心：得到整个家族人们的喜爱。人，指全家族人，自妻、子至奴、婢等人。⑤ 事其亲：全家族的人乐意侍奉卿大夫的父母；受其感召，每个人也乐意奉养自己的父母。⑥ 夫然：夫，发语词。然，如此、这样，指天子、诸侯、卿大夫各自能以孝道治理天下、治理各国、治理家族。⑦ 生则亲安之：父母活着的时候，能够过安乐的生活。生，指父母健在。亲，父母。安，舒适安乐。⑧ 祭则鬼享之：死后成为鬼神，也能够安享子孙的祭祀。鬼，指去世父母的灵魂。《礼记·祭义》："众生必死，死必归土，此之谓鬼。"《说文解字》："人所归为鬼。"享，鬼神享用祭品。⑨ 灾害不生：顺应天理，修身立德，就不会发生灾害。皇侃认为，天违反时令为灾，地违反常理为妖，妖即害物。⑩ 祸乱不作：天下和平，民众和睦，就不会发生祸乱。灾害是天灾，祸乱是人祸。作，发生、产生。⑪ 有觉德行，四国顺之：天子有伟大的德行，四方各国都顺从他的教化，服从他的统治。引自《诗经·大雅·抑》。据说，这是卫武公讽刺周厉王并用以自警的诗。有，词头，无实意。觉，大。德行，道德行为，意为天子果真有崇高的道德和孝义的行为。四国，四方之国、天下各地。顺，归顺。

圣治章第九

《圣治章》经文 288 个字（含考证后增加的"助"字，见本章注释），合章名共 293 个字。

圣治即圣人之治——圣人对天下的治理。本章是《孝治章》的延伸，阐明圣人用德行教化百姓的道理。

孔子提出"天地之性人为贵"。为什么人为贵？"水火有气而无生，草木有生而无知，禽兽有知而无义，人有气、有生、有知，亦且有义，故最为天下贵也。"（《荀子·王制》）"惟天地万物父母，惟人万物之灵。"（《尚书·周书·泰誓》）天地是孕育万物的"父母"，而人是"五行之秀气"（《礼记·礼运》），乃异于万物的"灵秀"，禀有仁、义、礼、智、信"五常"之全德，是万物中最尊贵的。

"人之行莫大于孝"，秉天地之灵秀，法"天之经""地之义"，"人之行"也就是人最大的、最基本的德行，就体现在孝道上。没有比孝道更大的圣人之德。

圣人是人中最杰出者，当然比一般人更重视孝行修养。其入手之处是"尊严其父"，抓住了父"兼有爱敬"这个根本。明末清初学者黄道周说："以父教爱，而亲母之爱及于天下；以父教敬，而尊君之敬及于天下。故父者，人之师也。教爱、教敬、教忠、教顺，皆于父焉取之……爱、敬、忠、顺不出于家，而行著于天下。"（《孝经集传·士章》）"严父莫大于配天"，尊崇父亲，没有比祭祀上天时让父亲配享更加尊崇的了。"配天"这个举措，当然是对父亲的尊崇，前提是父亲应为"明王""贤人"，德高望重，为国为民做出了贡献，值得尊崇；另一方面，配天的父亲为自己做出了表率，"父母生之，续莫大焉"，自己也要以此为努力方向，让自己成为后人的表率。中国人祭祀的对象，与其说是圣贤、祖先，不如说是内心认同的价值观。通过认同先人而认同自己，通过祭祀先人而教育后人，"敬其所尊，爱其所亲，事死如事生，事亡如事存"（《中庸》第十九章），这才是中国人重视祭祀、重视祖先的原因所在。

年幼之时，无不知爱父母；待年纪渐长，自然对父母生出敬心。这种爱和敬都是出于天性，自然生长。圣人顺应人的这种本性，进而加以培养、放大。由于是"因严以教敬，因亲以教爱"，所以"教爱者不烦，教敬者不伤"（《孝经集传·圣德章》），推行起来自然顺理成章，"不待严肃自然成治也"（邢昺《疏》）。这种父子天性，推广到家、国、天下，就不会"悖德""悖礼"，出仕从政自然也会秉持爱敬之心，"乐只君子，民之父母"（《诗经·小雅·南山有台》），以父母之心对待百姓。行此德政，则"见（现）而民莫不敬，言而民莫不信，行而民莫不说（悦）"（《中庸》第三十一章），也就是本章所谓"言思可道，行思可乐，德义可尊，做事可法，容止可观，进退可度"，自然德教成，政令行。

曾子曰：“敢①问圣人之德，无以加于孝乎②？”

子曰：“天地之性人为贵③。人之行④莫大于孝，孝莫大于严父⑤，严父莫大于配天⑥，则周公其人也⑦。

“昔者，周公郊祀后稷以配天⑧，宗

①敢：谦词，大胆地，冒昧地。此句为曾参对其师孔子提问，故以"敢问"来表示其敬意。②圣人之德，无以加于孝乎：圣人的德行，就没有比孝道更大的吗？加，大过、超过。③天地之性人为贵：天地之间的生灵，人是最尊贵的，是万物之灵。性，生，天地之所生，指生命、生灵、生物。④行：品行。⑤孝莫大于严父：孝行没有比尊崇父亲更重要的了。严，尊崇、尊敬。严父，尊敬父亲。⑥严父莫大于配天：尊崇父亲没有比祭祀上天时让其配享更重要的了。配天，祭天时以有功业之人陪同祭祀。根据周代礼制，每年冬至要在国都郊外祭祀上天，同时以父祖先王配享，这就是以父配天之礼。配，祭祀时在主要祭祀对象之外，附带祭祀其他对象，也称为"配祀"或"配享"。古人认为天是最伟大的，父亲是最值得尊崇的。父亲在世时，孝子将其视为自己的天；父亲过世后，孝子以其配享上天，是孝子对父亲最大的尊崇。⑦则周公其人也：以父配天之礼始于周公，周公就是这样的孝子。周公，西周初年政治家，姓姬，名旦，周文王之子，周武王之弟，周成王之叔。因其采邑在周，爵为上公，故称周公，后世尊为"元圣"。曾助武王灭商。武王死，成王年幼，由其摄政。后平定武庚叛乱，大封诸侯，并营建东都洛邑。曾制礼作乐，建立典章制度，主张"明德慎罚"。⑧周公郊祀后稷以配天：周公在南郊祭天，以其先祖后稷配同祭祀。郊祀，古代帝王每年在南郊祭天、在北郊祭地，其中冬至日在国都南郊建圜丘作为祭坛，祭祀天帝。后稷，周人始祖，名弃，善于种植粮食作物，主管农事，教民耕种。

sì wén wáng yú míng táng yǐ pèi shàng dì shì yǐ sì hǎi zhī
祀文王于明堂以配上帝①，是以四海之

nèi gè yǐ qí zhí lái zhù jì fú shèng rén zhī dé
内各以其职来（助）祭②。夫圣人之德，

yòu hé yǐ jiā yú xiào hū
又何以加于孝乎？

gù qīn shēng zhī xī xià yǐ yǎng fù mǔ rì yán
"故亲生之膝下，以养父母日严③。

shèng rén yīn yán yǐ jiào jìng yīn qīn yǐ jiào ài shèng
圣人因严以教敬④，因亲以教爱⑤。圣

rén zhī jiào bú sù ér chéng qí zhèng bù yán ér zhì qí
人之教不肃而成，其政不严而治⑥，其

suǒ yīn zhě běn yě
所因者本也⑦。

① 宗祀文王于明堂以配上帝：周公在明堂祭五方上帝，以其父文王配同祭祀。宗祀，聚宗族而祭。文王，名昌，商末周族领袖，其统治期间国势强盛，天下三分有其二，为其子武王灭商奠定了基础。明堂，"天子布政之官"，一般建于国都之南，凡朝会及祭祀、庆赏、选士、养老、教学等大典，均于其中举行。② 四海之内各以其职来（助）祭：天下诸侯各自按照其职位规定进贡物品，来协助天子祭祀。四海之内，指天下的诸侯。职，即职贡，四方向王朝的贡献。诸侯向王朝进贡的物品主要是用于祭天地祖宗。此处传世本遗漏一个"助"字。根据阮元的考证，唐石台、唐石经、宋熙宁石刻等版本都有"助"字。古文《孝经》也有"助"字。唐玄宗《注》"海内诸侯各修其职来助祭也"亦明确有"助"字。故增补。③ 亲生之膝下，以养父母日严：子女对于父母的亲爱之情，产生于在父母膝下嬉戏的幼年时期；日后就以这种亲爱之情奉养父母，一天比一天地更加尊敬父母。膝下，膝盖之下，指孩子年幼时承欢于父母膝下。日严，日渐尊敬。④ 圣人因严以教敬：圣人顺应人们对父母的敬畏之心，教导人们懂得礼敬。因，顺应。⑤ 因亲以教爱：顺应人们对父母的亲近爱护之心，教导人们懂得仁爱。⑥ 圣人之教不肃而成，其政不严而治：圣人的教化，不必采用峻急的措施就能成功，其政令无须用严厉的手段推行就能使天下太平。肃，峻急、严厉。成，成功、取得成效。治，太平。⑦ 其所因者本也：圣人所依据的是孝道这个根本。因，依据、凭借。本，根本，此处指道德的根本，即孝道。

"父子之道，天性也，君臣之义也①。父母生之，续莫大焉②；君亲临之，厚莫重焉③。

"故不爱其亲而爱他人者，谓之悖德④；不敬其亲而敬他人者，谓之悖礼⑤。以顺则逆，民无则焉⑥。不在于善而皆在于凶德⑦，虽得之，君子不贵也⑧。

① 父子之道，天性也，君臣之义也：父子恩亲之情是天性自然之道，而由于子以亲爱事父，父以尊严临子，则子之事父又如同臣之事君，体现出君臣尊卑之理。义，义理、原则。② 父母生之，续莫大焉：父母生子，继承宗嗣之事，让孝道得以相续，没有比这种人伦关系更重大的了。续，继先传后，也就是人类的血脉繁衍和文化传承。③ 君亲临之，厚莫重焉：父亲对待子女，既有君的尊严，又有父的慈爱，没有比这种恩义更厚重的了。君，父亲有君的威严。亲，父亲还兼有亲人的慈爱。临，以上对下。厚，深重、厚重。④ 悖德：违背公认的道德准则。悖，违背、违反。⑤ 悖礼：违背礼义。⑥ 以顺则逆，民无则焉：以悖德悖礼的行事去教化民众，企图使民众顺从，就会造成逆乱，民众将无以仿效。以顺则逆，是"以之顺民，民则逆"的省文。顺，使动用法。则（前一个），却。则（后一个），效法的准则。⑦ 不在于善而皆在于凶德：君主若不能尽孝，违背道德礼法，国家必会招致灾难。在，居、处，此处有心中无善的意思，古文《孝经》作"宅"。善，善行，即上文之爱敬亲人的孝行。凶德，昏乱无法，即违背道德。古语中将盗、贼、奸视为凶德，将孝、敬、忠、信视为吉德。⑧ 虽得之，君子不贵也：即使这样的君主能得到崇高的权位，因为他是不符合道德规范的，所以君子也不会看得起他。君子，泛指贤者。贵，重视、赞赏。不贵，鄙视、厌恶、看不起。

"君子则不然①，言思可道，行思可乐②，德义可尊，作事可法③，容止可观，进退可度④，以临其民⑤。是以其民畏而爱之，则而象之⑥。故能成其德教而行其政令⑦。

"《诗》云：'淑人君子，其仪不忒⑧。'"

① 不然：不是这样。然，代指上文所说悖德悖礼的行为。② 言思可道，行思可乐：君子说话前必会考虑其言语是否可以说，行动前必会考虑其行为是否能让大众心悦诚服。思，想、考虑。道，说、谈论。乐，高兴。③ 德义可尊，作事可法：君子修养品德，做事合乎正义，值得尊敬；所作所为，值得效法。德义，立德行义。作事，制作事业。法，效法。④ 容止可观，进退可度：仪容举止，合乎礼法，优雅可观；一举一动，均合乎法度，因此可以成为法度。容，仪容。止，举止。度，法度。⑤ 以临其民：君子通过实行以上六事来管理民众。临，以上对下，此处为统治、管理的意思。⑥ 是以其民畏而爱之，则而象之：因此民众敬畏他而又爱戴他，将他作为准则而仿效他。畏，敬畏，因其有威严不敢犯之。则，准则、楷模。象，模仿、效法，因其有仪象而模仿他。⑦ 成其德教而行其政令：以上率下，则德教成，政令行。⑧ 淑人君子，其仪不忒：凡是有德行的淑人和有见识的君子，他们的仪态举止都不会有差错。引自《诗·曹风·鸤鸠》，为赞美贤人之作。此诗主旨，历来有两种相反意见。《毛诗序》云："《鸤鸠》，刺不一也。在位无君子，用心之不一也。"朱熹《诗集传》则云："诗人美君子之用心平均专一。"后世多取朱说。淑，美好、善良。淑人，有德行的人。君子，有道德、有才干的人。仪，仪表、仪容。忒，差错。

纪①孝行章第十

jì xiào xíng zhāng dì shí

　　《纪孝行章》经文 91 个字，合章名共 97 个字。此章描述了孝子事亲的行为。

　　纪孝行，即记录孝行的内容及在实行孝行时应当注意的具体事项。孔子指出，子女平日行孝，有五件事应该效法——居致敬、养致乐、病致忧、丧致哀、祭致严，有三件事应该避免——居上骄、为下乱、在丑争。孔子以此勉励学者，警示后人。

　　"居则致其敬"。孔子的弟子子游向孔子请教孝道，孔子说："今之孝者，是谓能养。至于犬马，皆能有养；不敬，何以别乎？"（《论语·为政》）孝敬父母，只是体现在"奉养"上吗？奉养当然重要，"事父母，能竭其力"，使其衣食无忧，虽是最低的层次，但已体现出"亲亲"之情；

①纪：同"记"。

在这个基础上，也就能做到"事君，能致其身；与朋友交，言而有信"（《论语·学而》）。然而，"至于犬马，皆能有养"，你养匹马、养条狗，也能让它吃得饱、住得安；"不敬，何以别乎"，没有发自内心的敬意，怎么把各种"养"区分开呢？孟子说得更清楚："食（喂食）而弗爱，豕交（养猪）之也；爱而不敬，兽畜（豢养牲畜）之也。"（《孟子·尽心上》）爱而不敬，就像是养宠物一样，与养鸡养羊纯为吃肉相比，只不过多了一点点感情色彩而已。《礼记·坊记》："小人皆能养其亲，君子不敬，何以辨？"其义互证。

"养则致其乐"。只有把孝敬父母当作天经地义、应当应分的事情，才能以濡慕之情、欢悦之心对待父母，才能让父母由衷地喜乐。"子生三年，然后免于父母之怀。"（《论语·阳货》）成年之后，岂有不养父母之理？没有父母不爱子女的，父母当然也要尊重子女的独立和人格；但子女更应懂得长幼之别、亲恩之重。以敬致爱，各尽其心，家庭才能和乐。

"病则致其忧"。"父母之年，不可不知也。一则以喜，一则以惧。"（《论语·里仁》）父母的年龄，不可不时时记在心里。一方面因他们的高寿而欢喜，一方面又因他们的寿高而恐惧。那么，父母如果生病了，子女岂能不非常担忧呢？孔子曾说："父母唯其疾之忧。"（《论语·为政》）这句话历来有两种解释。一种断句为："父母，唯其疾之忧。"这个"其"，理解为父母。就是说，对于父母，儿女们最担忧的是他们身体不好。另一种解释，中间没有逗号，这个"其"理解为子女。意思是说，作为一个孝子，应该在各个方面都做得很好，成为一个"君子"，以自己优秀的道德修养和行为表现让父母放心。一个人各方面都做得很好、很出色了，那么除了生病，就没有什么可以使父母担心忧愁的了。不论是子女忧心父母，还是父母忧心子女，都体现出人之天性中最基本最纯粹的情感。

"丧则致其哀"。"树欲静而风不止，子欲养而亲不待"（《韩诗外传》卷九），这是人最深沉的哀伤、最痛苦的无可奈何。

"祭则致其严"。父母为子女之本，人不能不报其本；报父母之本，也是在成就自己至德之本。所以，《礼记·祭统》说："孝子之事亲也，有三道焉：生则养，没（mò）则丧，丧毕则祭。养则观其顺也，丧则观其哀也，祭则观其敬而时也。尽此三道者，孝子之行也。"也就是说，祭之"严"，不仅要求"敬"，还要求"时"，不是一时之祭，每年寒来暑往季节变换时，都会自然想起亲爱的父母，以时致祭。孔子也说："生，事之以礼；死，葬之以礼，祭之以礼。"（《论语·为政》）此"三道"其实已尽"五致"之义。

黄道周把"五致"的道理说得很清楚："致而知之，不虑而知谓之良知；致而能之，不学而能谓之良能。故五致者，赤子之知、能，不假学问，而学问之大人有不能尽也。故言致良知、致良能之说，则出于此也。仁、义、礼、乐、信、智，则皆自此始也。"（《孝经集传·纪孝行章》）这种良知良能，是不需要思索就自然能够体会到的，也不是必须通过学习才能领会到的。这是人之天性，是人之所以为人的根本原因，也是修养自身，培育"五常"（仁、义、礼、智、信）、"八德"（孝、悌、忠、信、礼、义、廉、耻）的动力。

"五致"是孝子事亲必须做到的，而"三戒"则是必须努力去除的。

"居上不骄"。君子"当庄敬以临天下"（唐玄宗《注》）。如居上无礼而骄慢，则天子不能保天下，诸侯不能保社稷。

"为下不乱"。作奸犯科，律法不容，难免受到处罚。

"在丑不争"。同类相争，小则遭受伤亡，大则引发战争。此类事情，智者不为。

这三种行为，不仅伤害自己，而且会累及父母，使亲人忧心且受辱，是要极力避免的。否则，即使每天用最丰盛的饮食来侍奉父母，又有什么意义呢？

圣人教人力行孝义，也就是教人力行道德，教人行所当行者，杜绝所不当行者，以免除由悖德所带来的灭亡、刑罚和伤害。其用心之苦，至为深切。

唐玄宗《注》："丑，众也。"《礼记·曲礼上》："凡为人子之礼：冬温而夏清（qìng，凉），昏定而晨省，在丑夷不争。"孙希旦《礼记集解》："郑氏曰：丑，众也，夷犹侪也。孔氏曰：丑、夷，皆等类之名。贵贱相临，则有畏惮，朋侪等辈，喜争胜负，忘身及亲，故戒之。"意思是说，面对上级时，会有所忌惮，不会忘乎所以，但与地位相同的人在一起时，容易发生争夺，这就可能毁伤自身，牵连父母。元代陈澔也认为，丑是"同类"，夷是"平等"。(《礼记集说》) 唐玄宗只是关注了"丑"而忽视了"夷"。这里的"丑"应该解释为同类，指作为同类的众人。

子曰：“孝子之事亲也，居则致其敬①，养则致其乐②，病则致其忧③，丧则致其哀④，祭则致其严⑤。五者备⑥矣，然后能事亲。

“事亲者，居上不骄，为下不乱，在丑不争⑦。居上而骄则亡⑧，为下而乱则刑⑨，在丑而争则兵⑩。三者⑪不除，虽日用三牲之养⑫，犹⑬为不孝也。”

①居则致其敬：日常居家时，对父母充分恭敬。居，日常居家的家庭生活。致，尽、极。②养则致其乐：奉养父母时，让父母欢心，也要体现出自己的怡颜悦色。养，奉养、赡养。③病则致其忧：父母生病时，子女心中忧惧，体现于容色、举止各方面。④丧则致其哀：父母去世，子女料理丧事极尽哀伤。丧，丧事。⑤祭则致其严：祭祀父母先人时，非常严肃诚敬，要斋戒沐浴，夜而至旦不歇息。⑥五者备：以上五个方面都做好了。备，齐备。⑦居上不骄，为下不乱，在丑不争：处在上位有礼而不骄慢，处在下位恭谨而不作乱，与同辈同列相处和顺而不竞争。骄，无礼骄溢。乱，扰乱。丑，类、同类，这里是指同列、同官。争，竞争。⑧亡：危亡，灭亡。⑨刑：受到刑法惩处。⑩兵：兵器，这里用作动词，指动用兵器相杀戮。⑪三者：“居上而骄”“为下而乱”“在丑而争”三种情况。⑫日用三牲之养：每天给予父母极为丰厚的供养。日，每天。三牲，指猪、牛、羊。古人祭祀时用三牲，即太牢，是最高的礼仪；无牛则称为少牢。三牲之养，用佳餐美味供养父母。⑬犹：仍然，依然。

wǔ xíng zhāng dì shí yī

五刑章第十一

《五刑章》经文 37 个字，合章名共 43 个字。此章阐明
"五刑之罪，莫大于不孝"。

五刑，指中国古代的五种刑罚。此词最早见于《尚
书·舜典》，具体所指说法不一。《尚书·吕刑》记载的
五刑为：墨、劓（yì）、剕（fèi）、宫、大辟；《周礼·秋
官·司刑》的记载为：墨、劓、宫、刖（yuè）、杀。墨刑
又称黥（qíng）刑，指在额上刺字后涂上墨色的刑罚；劓
刑，指割掉鼻子的刑罚；剕刑，也作刖刑，指砍去手脚的
刑罚，砍足曰剕，砍手曰刖，此外还有相类似的砍去膝盖
骨的膑刑；宫刑，指破坏男女生殖器官的刑罚；大辟，指
死刑。五刑自夏商周时即已实行，后略有变化。隋代至清
代改为笞（用小荆条或竹板打臀部）、杖（用大荆条或竹
板打臀、腿或背部）、徒（在一定时期内强制从事劳动）、
流（遣送至边远地方服劳役）、死（死刑）。

处以五刑的罪行有三千种之多，但没有一种罪行大过不孝之罪。刘炫《孝经述义》说："江左名臣袁宏、谢安、王献之、殷仲文之徒皆云，五刑之罪，可得而名，不孝之罪，不可得名，故在三千之外。"五刑中的那些罪行，都可以为其命名；但是不孝的罪过，不知道应该用什么名称去称呼，意思是没有文字能表述出不孝的罪过，所以其罪不在五刑之中。

不过，按照经文"五刑之属三千，而罪莫大于不孝"的表述，特别是"属"字的含义，不孝之罪应该是包含于、"归属"于五刑之中的。唐玄宗《注》说："条有三千，而罪之大者莫过不孝。"邢昺《疏》也认为："云三千之罪'莫大于不孝'，是因此事而便言之，本无在外之意。"

为何不孝之罪最大？因为该罪会从政治、文化、伦理三个方面导致严重后果——第一威胁君主，第二诽谤圣人，第三非议孝道，这是引发社会大乱的根源。"要君"和"非圣"，追根溯源，都是源于不孝；"非孝"，则不是"不孝"，而是从心里不赞成孝，这比"不孝"本身更加有悖人伦、背离人性，情节特别恶劣，会产生严重的社会危害，所谓"是可忍也，孰不可忍也"（《论语·八佾》）。

不过，孔子对于不孝的行为，也是区分情况对待的。据《孔子家语·始诛》记载，孔子担任鲁国大司寇时，有父子二人来打官司。孔子把他们关在同一间牢房中，但一直不去审理。三个月后，那个父亲主动提出来撤诉，孔子就把二人放了。鲁国的执政大夫季孙氏对此非常不满，认为国家倡导孝道，应该杀掉不孝之子以教导百姓行孝。孔子则认为，上位者没有以孝道来教化百姓，发生事情时，随意运用刑罚，这是滥杀无辜。"三军大败，不可斩也；狱犴（àn，狱讼）不治，不可刑也。"军队打了败仗，不能把士卒杀了；案件发生了，不能靠严刑峻法来制止。"上教之不行，罪不在民故也"，上位者没有以上率下，没有推行教化，这不是老百姓的罪过。孔子以权变的思想处理了这个案件。可想而知，这父子二人在一间房子里相处三个月时间，怨愤逐渐消失，亲情暗生而渐厚，比处以刑罚的效果好得多了。孔子说："听讼，吾犹人也。必也使无讼乎！"（《论语·颜渊》）审理案件，我跟别人差不多；如果说有区别的话，我希望根本没有案件发生。

同时，孔子将推行教化的责任坚定地归于统治者一方，这才是圣治之道。"无讼"的前提，是上位者以身作则，移风易俗，把孝道德义推行到整个天下，这样才能迎来真正的太平盛世。

子曰：“五刑之属三千①，而罪莫大于不孝②。要君者无上③，非圣人者无法④，非孝者无亲⑤。此大乱之道也⑥。”

①五刑之属三千：古代的刑法有五大类，所归属的犯罪之名目有三千种之多。②罪莫大于不孝：没有比不孝更重的罪行。此句言不孝为罪恶之极。③要君者无上：要挟君主的人，是心目中没有尊上的人。要，强求、要挟、威胁，有所依仗而强硬要求。无上，藐视尊上、目无君长。④非圣人者无法：反对圣人的人，是心中没有礼法的人。非，责难、诽谤、诋毁。圣人，具有最高道德标准的人。无法，藐视法纪，反对或破坏法纪。⑤非孝者无亲：反对孝道的人，是心目中没有父母的人。非，反对、不赞成。非孝，反对孝道。无亲，藐视父母、目无父母。⑥此大乱之道也：这三种恶行，都是造成天下大乱的根源。大乱，最严重的祸患悖乱。道，缘由、根源。

《广要道章》经文81个字，合章名共88个字。此章及接下来的第十三章详细说明首章所提到的"至德要道"的意义，指出教化民众、推行政令的四条最重要的途径——孝、悌、乐、礼。

"教民亲爱莫善于孝"，孝即"善事父母者"（《说文解字》），是德之本、仁之实。

"教民礼顺莫善于悌"，悌即"善兄弟也"（《说文解字》）。子曰："弟子入则孝，出则弟，谨而信，泛爱众，而亲仁。行有余力，则以学文。"（《论语·学而》）孝悌是儒家伦理大厦的基石，仁爱由此中生出。只有做到孝悌，才能"爱众""亲仁"。道德基石筑成之后，才去学习其他知识。有人问孔子为什么不出仕从政，孔子说："《书》云：'孝乎惟孝，友于兄弟，施于有政。'是亦为政，奚其为为政？"（《论语·为政》）《尚书》中说，只要孝顺父母，友爱兄弟，并将这种风气影响到公卿大臣，这就是参与政治了。为什么说只有做官才算是从政呢？

"移风易俗，莫善于乐"。《荀子·乐论》："乐也者，圣王之所乐也，而可以善民心。其感人深，其移风易俗，故先王导之以礼乐而民和睦。"音乐感人至深，可以移风易俗，所以圣人推行乐教。孔子这样评价"六经之教"："入其国，其教可知也。其为人也：温柔敦厚，《诗》教也；疏通知远，《书》教也；广博易良，《乐》教也；洁净精微，《易》教也；恭俭庄敬，《礼》教也；属辞比事，《春秋》教也。"（《礼记·经解》）到了一个地方，可以看出国民的教化情况：此地民风如果温柔敦厚，一定是《诗经》的影响；如果富于远见，一定是《尚书》的原因；如果平易良善，一定是《乐》教的结果；如果沉静条理，一定是《易》教的功劳；如果端庄恭敬，一定是《礼》教的效用；如果善于辞令，一定是《春秋》的帮助。《礼记·乐记》："治世之音安以乐，其政和；乱世之音怨以怒，其政乖；亡国之音哀以思，其民困。"太平盛世的音乐，其特征一定是安而乐，百姓们都会志得意广、平易良善。

"安上治民，莫善于礼"。礼制不仅仅是规则，更是由人性情中生出的自我约束，其核心无非是一个"敬"字，自敬、敬人，因而可以用来"安上治民"。黄道周认为："孝悌者，礼乐之所从出也。孝悌之谓性，礼乐之谓教。因性明教，本其自然。""故敬者，礼之实也。敬而后悦，悦而后和，和而后乐生焉。"（《孝经集传·广要道章》）孝悌由天性而来，礼乐则由孝悌而来；经过礼乐的教化，孝悌之道更加深入人心。

子曰："教民亲爱，莫善于孝①。教民礼顺，莫善于悌②。移风易俗，莫善于乐③。安上治民，莫善于礼④。

"礼者，敬而已矣⑤。故敬其父则子悦⑥，敬其兄则弟悦，敬其君则臣悦，敬一人而千万人悦⑦。所敬者寡而悦者众，此之谓要道也⑧。"

①教民亲爱，莫善于孝：教导百姓相亲相爱，没有比君主自己行孝道更好的办法了。教，教化。亲爱，亲善仁爱。②教民礼顺，莫善于悌：教导百姓遵循礼节、顺从长上，没有比君主自己行悌道更好的办法了。悌，弟弟敬爱尊重兄长。③移风易俗，莫善于乐：改善社会风俗，没有比用德音雅乐去调和性情更好的办法了。移，改变。易，更换。儒家认为，乐生于人情人性，通于伦理道德，因此，君王可以利用乐转移风气，引导人民接受良风美俗。④安上治民，莫善于礼：使在上位者身心安定，百姓得到治理，没有比君主自己遵循礼法更好的办法了。安，安定、安心。上，在上位的人。社会太平，在上位者就能安定身心。治民，使民众得到治理。⑤礼者，敬而已矣：礼的内涵，其实就是一个敬字。⑥敬其父则子悦：尊敬别人的父亲，会让其子女感到喜悦。⑦敬一人而千万人悦：尊敬一个人，会让千千万万的人都感到喜悦。一人，指上文中的父、兄、君。千万人，指子、弟、臣民们。⑧所敬者寡而悦者众，此之谓要道也：所尊敬的人虽然很少，而感到喜悦的却是许许多多的人，这就是所谓的切要之道。呼应首章"至德要道"之"要道"。

广至德①章第十三

《广至德章》经文83个字，合章名共90个字。上一章讲了致敬可以悦民，此章围绕首章中"先王有至德要道"的"至德"一词，讲如何以孝行教、教民以敬。

孝为"至德"，以孝治国，施行教化，不但百姓爱之如父母，而且政令也容易施行。那么，如何实行至德的教化？孔子特别指出，执掌政权的君子教民行孝道，并不是挨家挨户上门去教，也并非天天见面去教，这里有一个根本的原则，就是要以身作则，为天下人做出表率。

具体做法是：教以孝，以敬父；教以悌，以敬兄；教以臣，以敬君。举孝道以为教，则天下为人子者无不敬其父；举悌德以为教，则天下为人弟者无不敬其兄；由孝悌

---

① 广至德：广推至德以教化万民。至德，至高无上的道德，指孝德。"广要道"在"广至德"之前，是因为以"要道"施行教化，化行而后才能彰明"至德"。"道""德"相辅相成，互为先后。

之道延伸出来，举臣道以为教，则天下为人臣者无不敬其君。如此，上下同心同德，知长幼之序，明君臣父子之义，所有的政教措施都会更容易施行了。

教育天下人尊敬其父母的方法，除了天子自己尊敬父母、做出表率外，另一种方法就是敬老。古代设"三老五更"之位，天子以父兄之礼养之。《汉书·高帝纪》："举民年五十以上，有修行，能帅众为善，置以为三老，乡一人。择乡三老一人为县三老，与县令丞尉以事相教。"五更，古代乡官名，用以安置年老致仕的官员。《魏书·尉元传》："卿以七十之龄，可充五更之选。"陆德明《经典释文》："三老五更，谓老人知三德五事者。"据《尚书·洪范》，"三德"指"正直"（正曲为直）、"刚克"（刚强而能立事）、"柔克"（和柔而能治事），"五事"指"貌恭""言从""视明""听聪""思睿"。《礼记·祭义》："祀乎明堂，所以教诸侯之孝也。食（sì）三老五更于太学，所以教诸侯之弟（悌）也。"在明堂举行祭祀之礼，这是教导诸侯行孝道的办法；在太学款待三老五更，这是教导诸侯讲悌德的办法。周代在太学行释奠礼，祭祀先圣、先师之后，往往会接续举办尊老之礼，宴请三老五更，以示天子孝亲尊老之意。

孔子说："上敬老则下益孝，上尊齿（指年龄）则下益悌，上乐施则下益宽，上亲贤则下择友，上好德则下不隐，上恶贪则下耻争，上廉让则下耻节。此之谓七教。七教者，治民之本也。政教定，则本正也。凡上者，民之表也，表正则何物不正？"（《孔子家语·王言解》）上位者敬亲，则下位者会更孝亲；上位者尊老，则下位者会更敬兄；上位者乐善好施，则下位者会更宽厚；上位者亲贤能，下位者就会择良友而交；上位者重德行，下位者就不会隐瞒内心想法；上位者憎恶贪婪，下位者会以争利为耻；上位者廉洁谦让，下位者则会以无节操为耻。这"七教"，是治理之根本。政治教化的原则确定了，立足点就站稳了。因此，上位者应做好百姓的表率，其身正，则不令而行。

何谓"恺悌君子，民之父母"？"使民有父之尊，有母之亲，如此而后可以为民父母矣。非至德，其孰能如此乎？"（《礼记·表记》）先要使百姓都能尊亲自己的父母，天子才能成为万民的父母。只有身具至德者，才有这样顺应民心的伟大力量。

子曰："君子之教以孝也①，非家至而日见之②也。教以孝，所以敬天下之为人父者也③；教以悌，所以敬天下之为人兄者也④；教以臣，所以敬天下之为人君者也⑤。

"《诗》云：'恺悌君子，民之父母⑥。'非至德，其孰能顺民如此其大者乎⑦？"

① 君子之教以孝也：天子以孝行教。君子，这里指天子。教以孝，用孝道去教化民众。② 非家至而日见之：不用每天挨家挨户上门去教导。家至，到家，即一家一户亲自拜访。日见之，天天见面，指每天都当面指教为人子者如何行孝。③ 教以孝，所以敬天下之为人父者也：对自己的父母尽到孝道，就是以自身行为来教导天下为人子者尊敬其父母。④ 教以悌，所以敬天下之为人兄者也：对自己的兄长尽到悌道，就是教导天下为人弟者尊敬其兄长。⑤ 教以臣，所以敬天下之为人君者也：对自己的臣子教以臣子之道，就是教导天下为人臣者尊敬其君主。臣，指臣下之道。以上三句指君子以身作则，为天下人做出表率。⑥ 恺悌君子，民之父母：温和而又平易近人的君子，就如天下人的父母。语出《诗经·大雅·泂（jiǒng）酌》。据说，此诗是西周时召康公为了诫勉周康王所作。恺悌，和乐安详、平易近人的样子。⑦ 非至德，其孰能顺民如此其大者乎：如果没有至高无上的德行，谁能有这样伟大的顺应民心的力量呢？孰，谁。顺民，适合民心、顺应民意，此处指顺应万民的孝敬父母的本心。顺民，古文《孝经》作"训民"，则是训导民众的意思。

广扬名章第十四

　　《广扬名章》经文 45 个字，合章名共 52 个字。此章围绕首章"立身行道，扬名于后世"中"扬名"一词，进一步阐发道德迁移的理论，以及行孝和扬名的关系。

　　欲"名立于后世"，先要"行成于内"，即加强内心的德行修养，也就是唐玄宗《注》中所说的修"三德"。

　　一是"君子之事亲孝，故忠可移于君"。事亲孝，是孝道的核心，是孝悌的起点，是仁爱的发源，是一切德行修养的根基。"事亲能孝者，故资孝为忠，可移孝行以事君也。"（邢昺《疏》）只有对父母有孝心的人，才能取孝亲之义养尽忠之心，以事父之敬来事君。君子事君以道，尽忠为行道；君使臣，臣事君，其合法性均在于德。所以孔子说："君君，臣臣，父父，子子。"（《论语·颜渊》）君要像个君，臣要像个臣，父要像个父，子要像个子。意思是每个人都要修养自己的德行，履行自己的职责。"君使臣以礼，臣事君以忠"（《论语·八佾）,君与臣的责任和义务是对等的，其关系确立的基础在各修其德、各尽其职。

二是"事兄悌，故顺可移于长"。事兄悌，是培养尊敬意识的最佳方式。"仁者，人也，亲亲为大。义者，宜也，尊贤为大。"（《中庸》第二十章）孝敬父母才能培养仁爱之心，尊重贤长才能培养道义之情。"事兄能悌者，故资悌为顺，可移悌行以事长也。"（邢昺《疏》）只有对兄长敬顺者，才能取悌兄之敬养顺长之德，以事兄之顺来事上。

三是"居家理，故治可移于官"。父母是孩子的第一任老师，家庭、家族，是修养品德、锻炼能力的最佳平台。"居家能理者，故资治为政，可移治绩以施于官也。"（邢昺《疏》）只有治理好自己的家，才能取治家之能养理政之才，以优秀的管理经验来治国平天下。"君子为小由为大也，居由仕也，备则未为备也，而勿虑存焉。"（《大戴礼记·曾子立事》）君子不轻忽任何看似小的事情，把齐家当作出仕来对待。"忿怒其臣妾，犹用刑罚于万民也。"（《荀子·大略》）如果对妻子臣妾发怒，如同对百姓施以刑罚一样，那么既理不顺家，也治不好国，所以必须修养好德行、培养出能力。"其家不可教而能教人者，无之。故君子不出家而成教于国。"（《大学》传九章）

孔子说："君子不器。"（《论语·为政》）君子应该博学广知，掌握各种技能，而不做只有专一或少数技能的人，不能像器物一样，其作用只体现在某一个方面。"君子藏器于身，待时而动"（《易·系辞传》），拥有了卓越的才能，待需要的时候就可以展现出来。所以，"齐家"绝不是可有可无的小事，治家有条理，亲人能和睦，一个家庭就能蒸蒸日上，这正是多方面能力的综合体现。

这就是"身修而后家齐，家齐而后国治，国治而后天下平"（《大学》经一章）的逻辑理路。"家齐、国治、天下平"的前提是"身修"，也就是修养德行，这个德行首先是孝悌之德。"身修"的前提是"正其心，诚其意"，使心术端正，意念真诚，这是培养德行的不二法门。正心、诚意的前提则是"致知、格物"，从各种事物，包括父母慈爱、兄弟亲情中，穷尽所能获得的"认知"，不仅是知识技能层面的"认识"，更是价值伦理层面的"良知"；既要穷尽事物中蕴含的道理，又能在此基础上归正去恶。只有这样，才能做到"行成于内"——德行成于家庭之"内"，更是成于良知之"内"。

先立德，后立功，把忠孝道德的内在功夫做到极致，自然能获得好的名誉。德是根本，名是果实。想获得好的结果，要从根本上下功夫，而不是在结果上孜孜以求，那是舍本而逐末。

另外，对于"移孝为忠"是需要辩证看待的。在忠孝发生冲突时如何选择？一方面，汉代学者贾谊指出："事君之道，不过于事父，故不肖者之事父也，不可以事君。"（《新书·大政下》）只有能孝亲的君子，才有可能尽忠于君；不能孝亲的人，别指望他可以事君。"求忠臣必于孝子之门"（《后汉书·韦彪列传》），这本身就突出了孝才是根本。

另一方面，"事君不忠，非孝也；莅官不敬，非孝也"（《大戴礼记·曾子大孝》）。如果应该尽忠于国事、尽力于百姓，却不忠不力，此行为本身就是不孝的；因为背离了爱与敬的原则。如果使父母亲人因此蒙羞，那就是大不孝了。

孔子"父子相隐"[①]的故事，表明在很多时候孝的价值是高于忠的。一是因为，如果父子相互告发，即陷入人伦灾难，一旦风行起来，家庭、社会再无爱敬可言，将人人自危；二是因为，大多数情况下，类似事情的性质并不严重，至少比不过父子亲情恶化，从而伦理丧失的后果，所以需要在坚持原则的同时，予以权变的应对；三是因为，孔子赞成"父子相隐"，并不表明他认同偷羊这个行为，而是完全可以有更妥善的处理方法，比如劝说父亲归还这只羊或赔偿损失。如此，既保证了失羊者的利益，又通过这个过程使父亲知道所犯的错误，还保护了父亲的声誉，更能达到劝善扬善的作用。

在面临国家、民族大义时，孝与忠又是高度统一的。在大是大非面前，应该如何选择，无数先贤志士已经给后人做出了榜样。岳飞就是一个典型的体现，母亲在他背上刺上了"尽忠报国"，这正是以孝之名诫子尽忠。中国历史

---

①《论语·子路》记载："叶公语孔子曰：'吾党有直躬者，其父攘羊，而子证之。'孔子曰：'吾党之直者异于是：父为子隐，子为父隐，直在其中矣。'"叶公告诉孔子："我们那个地方有个直率的人，他的父亲偷了别人的羊，他就去告发了。"孔子说："我们那里直率的人不一样：父亲替儿子隐瞒，儿子替父亲隐瞒——直率就在其中了。"

上，无数父母送子上战场，为的是保家卫国。这些英雄走进卫国的战火硝烟中，内心支撑他们的，正是对父母、对祖国最深沉的爱与敬。他们的事迹，才真正是"行成于内，而名立于后世矣"！

子曰：“君子之事亲孝，故忠可移于君①；事兄悌，故顺可移于长②；居家理，故治可移于官③。是以行成于内④，而名立于后世⑤矣。”

①事亲孝，故忠可移于君：侍奉父母能尽孝道，所以可把这种恩情与爱敬移用到对君主的尽忠上。邢昺《疏》：“资孝为忠。”故，因此、所以。移，品德、情感的迁移。②事兄悌，故顺可移于长：侍奉兄长能尽悌道，所以可把这种尊重与服从移用到对长上的顺从上。邢昺《疏》：“资悌为顺。”③居家理，故治可移于官：在家做事有条理，所以可把这种能力和经验移用到对国家的治理上。邢昺《疏》：“资治为政。”理，正、治理。有的版本作“居家理治，可移于官”，即家庭治理得其正、得其法，可移之于官。居家理，指善于料理事务，处理家事有条不紊。官，指政治管理。儒家治学的目标和次第是修身、齐家、治国、平天下。其中，齐家是极为重要的一个环节，家齐才能国治。④行成于内：君子在家庭中把这三种德行的根基养成，将来才能建功立业。或者说，君子在外取得的成就，从根本上说，是在家庭中养成的美好品德和能力的发挥。行，行为，这里指事亲孝、事兄悌和居家理三种优良的品行。成，成就。内，家庭之内。⑤名立于后世：美名扬于后世，长久流传。名，令名，美好的名声。立，树立、建立。名立，即章题所说“广扬名”，名声广泛传播。

谏争^①章第十五

jiàn zhèng zhāng dì shí wǔ

《谏争章》经文 143 个字，合章名共 149 个字。谏争，是指对尊者、长者或友人进行规劝。

慈爱、恭敬、安亲、扬名，四者已经体现了前面章节所讲的孝道各个方面，但都是孝道中"顺"的精神；而谏争则是孝道中"逆"的体现。

《荀子·臣道》："有能进言于君，用则可，不用则去，谓之谏；有能进言于君，用则可，不用则死，谓之争。"对君上进言，意见被采纳是最好的。如不见用，则坚持己见，主动离去，这就是"谏"；如不见用，则以死相争，这就是"争"。

① 谏争：对上级、长辈直言劝谏，使其改正错误。争，同"诤"。此字今本《白虎通义》等书引用为"诤"。阮元认为，唐石台、唐石经等都作"争"，而且本章经文中"争臣""争友""争子"用的都是"争"，章节标题与文章内容出现的同一个字不应该是两种写法。古文《孝经》也作"谏争"。故定此字为"争"。

孔子认为谏争有双重含义：对于被谏争的君父及朋友来说，接受谏争，不但能使自己改正过失，而且能修正家国治理中的错误；对于谏争的臣子及友人来说，事君尽忠心，事父尽孝道，事友尽信义，是匡扶正义的行为。若见善不劝，见过不规，则陷君父及朋友于不义，这就背离了忠孝信义的道德原则。"可以从命而不从，是不子也；未可以从而从，是不衷也。"（《荀子·子道》）应该听从父母却不听从，不是孝子；不应听从父母而听从了，也不是诚孝。所以孔子反对一味盲从，反对愚忠愚孝，提出了一个重要观念——"故当不义则争之"。这一观念弥补了孝道理论的一大缺陷，体现出孔子的道义勇气和辩证态度。

由此，儒家创制出"从道不从君，从义不从父"（《荀子·子道》）的思想。君父的行为如果不合于道义，那么君子绝不附从、屈从。"以道抗势"，也就是以道义抗争权势，成为儒家的"正义论"，在中国传统治理机制中起着重要作用，使得中国政治在大多数时候避免走向全面专制。

那么，面对君父，为什么可以进行谏争？以下谏上的依据何在？这正是中国文化的特色所在。在中国古人看来，高高在上的圣王天子，其实其自身并不具有绝对权威，而是由上天授权的。"惟天地万物父母，惟人万物之灵。亶（dǎn，诚信）聪明，作元（大）后（君），元后作民父母。"（《尚书·周书·泰誓上》）天地，是孕育万物的"父母"，而人是万物当中最具灵秀之气的。人当中最为诚信聪明的，则可以"作元后"，成为人之君主，成为民之父母。"天佑下民，作之君，作之师，惟其克相上帝，宠绥四方。"(《尚书·周书·泰誓上》)上天降生万民，为万民设君主、立师长，让他们协助上天护佑百姓。"天视自我民视，天听自我民听。"(《尚书·周书·泰誓中》)上天所见都是来自民众所见，上天所闻都是来自民众所闻。也就是说，君主只是天与人之间的一个中介，上天授权于君，君协助上天"宠绥四方"，爱护、安抚四方百姓。如果君王行暴政，"自绝于天，结怨于民"(《尚书·周书·泰誓下》)，上天就会听到民众的控诉，降罪于他。

因此，如果认为君主有错误，当然可以进行谏争。只有勇于纳谏、善于纳谏的君王，才能成为"圣王"；只有圣王才能祭祀上天。同样的道理，"严父莫大于配天"，只有能够纳谏、少犯甚至不犯错误的父亲，才有资格"配天"。对于君父都能勇敢谏争，对于诸侯、大夫、士以及朋友当然也就没有心理负担了，关键是把握住一个"义"字。自己只要在"义"这一边，就可以劝谏。劝谏的目的，一是避免君父陷于"不义"，二是促使其做出的决策有利于百姓。所以，真正的"孝子"必为"争子"，不争之子绝非孝子。

如果说，谏争的出发点是"爱"，爱君父因而不忍其行不义，爱百姓因而不忍其因错误决策受损失；那么，谏争的方式则要讲究"敬"。孔子说："事父母几谏，见志不从，又敬不违，劳而不怨。"(《论语·里仁》)侍奉父母，发现他们有错误之处，要婉转劝谏；即使不被听从，仍恭敬他们，态度不能强硬；虽然会因此忧愁，但不能有怨恨。

因此，古人发明了五种"几谏"之法："人怀五常，故知谏有五。"其一曰"讽谏"，"讽谏者，智也"，在事情未彰显时委婉告之，以最机智的方式引起被谏者的兴趣；二曰"顺谏"，"顺谏者，仁也"，以辞相顺，不逆君心；三曰"窥谏"，"窥谏者，礼也"，等待合适的时机劝谏；四曰"指谏"，"指谏者，信也"，直指其事而谏；五曰"陷谏"，"陷谏者，义也"，成君之义，不怕因谏丧身。孔子说："谏有五，吾从讽之谏。"（《白虎通义·谏诤》）

《太平御览》卷五一九引古本《孝子传》，记载了这样一个故事：

> 原穀（gǔ）者，不知何许人。祖年老，父母厌患之，意欲弃之。穀年十五，涕泣苦谏。父母不从，乃作舆（yú，车）舁（yú，抬）弃之。穀乃随收舆归。父谓之曰："尔焉用此凶具？"穀乃曰："恐后父老不能更作得，是以取之耳。"父感悟愧惧，乃载祖归侍养，克己自责，更成纯孝，穀为纯孙。

一个叫原穀的人，其祖父年老，其父母很嫌弃，想要丢弃老人。十五岁的原穀"涕泣苦谏"，但父母不听从，做了一辆车抬上老人给丢到了无人之处。原穀把这辆车收回到家里。父亲问他把这个"凶具"收回来做什么，原穀说，以后父亲老了，用这辆车运载他，不用再制作一辆了。父亲既惭愧又害怕，感悟了孝的真义，于是用车把老人接回奉养，成为一个纯孝之人。原榖就是一个善于"几谏"的孝子。《礼记·曲礼》："子之事亲也，三谏而不听，则号泣而随之。"谏而不听，只能号泣而随之，只体现了敬亲的一面。如原榖这样，能够以敬亲之心劝谏，最终实现爱亲的目标，使亲"身不陷于不义"，则既是孝道的体现，更是智慧的力量，是典型的"讽谏"。

因此，孝道绝不是僵化的上对下的强制，更不是下对上的盲从。只是因为爱，所以不忍违父母之意；只是因为敬，所以不忍违父母之命。这种"不忍"，出于父母子女之间的深情厚恩，是一种主动性的道德选择，而不是被动性的外在约束。

《孔子家语》记载了曾子的一件事："曾子耘瓜，误斩其根，曾皙怒，建大杖以击其背"，曾子没有躲避，被打晕了。醒来后，曾子先向父亲曾皙问安，随后回房弹琴唱歌，表明身体无恙，让父亲不要担心。孔子听说后非常生气，告诉他应该"小棰则待过，大杖则逃走"，一味顺从父亲的暴怒，"既身死而陷父于不义"，他如果真的死了，老父无人奉养，也会因杀人而犯法。这是孝吗？这个故事阐释了孝的真义，其核心是把握好一个"义"字。"义者，宜也"，做该做的事，不能愚孝。

这才是中国文化中忠与孝的真精神，与后世扭曲了的所谓"君教臣死，臣不死不忠；父教子亡，子不亡不孝"（见《西游记》第七十八回，明清时期的小说、戏曲中多有类似的表述），形成鲜明的对比。

曾子曰：“若夫①慈爱②、恭敬③、安亲④、扬名⑤，则闻命⑥矣。敢问子从父之令⑦，可谓孝乎？”

子曰：“是何言与⑧，是何言与！昔者，天子有争臣⑨七人⑩，虽无道⑪，不失⑫其⑬天

① 若夫：发语词，句首语气词，用以引起下文。此处可译为“像那些”或“至于”。② 慈爱：这里指子女爱亲。慈，通常指上对下之爱，也可指下对上之爱。邢昺《疏》：“爱出于内，慈为爱体。”慈是爱的外在表现。③ 恭敬：慈爱是爱亲，则恭敬是敬亲。邢昺《疏》：“敬出于心，恭为敬貌。”恭是敬的外在表现。④ 安亲：父母亲安心接受儿女的孝养。《孝治章》：“生则亲安之。”⑤ 扬名：即《广扬名章》所说“广扬名”。⑥ 闻命：谦词，意思是师长的教导已经领会了。闻，听到、明白。命，指示、教诲。曾参为孔子弟子，故用此谦词表示这个问题已经听过老师的讲解。⑦ 子从父之令：子女无条件听从父亲的命令。从，听从、服从，这里指不论父亲的指令是否合理都无条件遵从。⑧ 是何言与：这是什么话？为表示否定的答语。以下重复一句“是何言与”，更加强了否定的意思。是，指示代词，指“子从父之令，可谓孝乎？”这种说法。与，同“欤”（yú），句末语气词，表疑问、感叹或反问。⑨ 争臣：敢于直言谏诤的臣子。⑩ 七人：“虞夏商周，有师、保，有疑、丞。设四辅及三公，不必备，唯其人。”（《礼记·文王世子》）《尚书大传》：“古者天子必有四邻，前曰疑，后曰丞，左曰辅，右曰弼。”“四辅”就是“四邻”，加上三公，共七人。但是这种说法并不统一，有人认为这里的“七人”和下面的“五人”“三人”都是指很多人，不是实数。⑪ 无道：没有仁政。⑫ 失：丧失，灭亡。⑬ 其：在汉代及以后的各种版本中，这个“其”字，有的有，有的没有。结合下文“其国”“其家”的表述，此处应该有“其”字。

下；诸侯有争臣五人[①]，虽无道，不失其国[②]；大夫有争臣[③]三人[④]，虽无道，不失其家[⑤]；士有争友，则身不离于令名[⑥]；父有争子，则身不陷[⑦]于不义[⑧]。故当[⑨]不义，则子不可以不争于父，臣不可以不争于君。故当不义则争之。从父之令，又焉得[⑩]为孝乎？"

①五人：汉末三国经学家王肃认为，这五人是指三卿（司徒、司马、司空）加上内史、外史。西汉大儒孔安国则认为，是指天子所命之孤（天子选派给诸侯的师、傅一类官员）、三卿和上大夫。②国：诸侯的封国。③臣：这里指大夫的家臣。天子、诸侯、有封邑的大夫，都是"君"。④三人：孔安国认为，这三人是指家相、室老、侧室。王肃则认为，是指家相、室老、邑宰。⑤家：卿大夫的食邑封地。⑥不离于令名：不会丧失好名声。离，失去。令名，好名声。令，善、美好。⑦陷：陷入，没入。⑧不义：不合道义（的境地）。⑨当：面临。⑩焉得：怎么能够。焉，怎么。

应感①章第十六

yìng gǎn zhāng dì shí liù

《应感章》经文 109 个字，合章名共 115 个字。此章的主旨是，孝悌可以跟天地鬼神相感通。

邢昺《疏》引前人的观点："若就三才相对，则天曰神、地曰祇(qí)、人曰鬼。言天道玄远难可测，故曰'神'也；祇者知也，言地去人近，长育可知，故曰'祇'也；鬼者归也，言人生于无，还归于无，故曰'鬼'也，亦谓之'神'。"天道玄远莫测，所以称为"神"；大地长育万物，离人很近，容易知道，所以称为"祇"；人从无中而来，又归于虚无，所以死后称为"鬼"或"神"。

---

① 应感：人神之间的交相呼应、相互影响。"应感"，今本都按郑玄的注，作"感应"。阮元认为，唐石台、唐石经等版本都作"应感"，《孝经正义》也作"应感"，因此，"感应"的说法是错的。邢昺《疏》："此章言'天地明察，神明彰矣'，又云'孝悌之至，通于神明'，皆是应感之事也。""言人主若从谏争之善，必能修身慎行，致应感之福，故以名章，次于谏争之后。"古文《孝经》也作"应感"。故改。

中国古代哲学讲求"天人合一"，以天为父，以地为母。人为父母所生，即为天地所生。孔子在《三才章》中说："夫孝，天之经也，地之义也，民之行也。"天、地、人构成一个整体，所以事父母就是事天地，祭祖先也是事天地。

"天何言哉？四时行焉，百物生焉，天何言哉？"（《论语·阳货》）天行四时，地生万物，所以"事天明""事地察"就是顺天时、因地利，就是移事父母之道以事天地，这其实就是人依天地规律行事，然后替天地代言。"事天明""事地察"，就不会违反天地之时。《礼记·祭义》："树木以时伐焉，禽兽以时杀焉。夫子曰：'断一树，杀一兽，不以其时，非孝也。'"不到时节而去伐木、狩猎、砍杀幼苗、幼兽甚至怀孕的母兽，情何以堪？所以孟子说："不违农时，谷不可胜食也；数罟（cù gǔ，密网）不入洿（wū，大）池，鱼鳖不可胜食也；斧斤以时入山林，材木不可胜用也。谷与鱼鳖不可胜食，材木不可胜用，是使民养生丧死无憾也。养生丧死无憾，王道之始也。"（《孟子·梁惠王上》）只要不违反农时，粮食就会丰收；不用细密的渔网捕捞，鱼鳖就会满足食用；按照时令进入山林伐树，材木就不会断绝。这样，百姓生则能养，死则能葬，王道盛世就来临了。

《易·说卦》："神也者，妙万物而为言者也。"精通万物之微妙，则可以入于神，知天地生生变化之道。神明莫测，普通民众无以把握，故由事父母而知天地，由孝父母而敬天地，是一个最好的办法。这也就体现出祭祀的意义。"凡治人之道，莫急于礼；礼有五经，莫重于祭。夫祭者，非物自外至者也，自中出生于心者。心怵而奉之以礼。是故唯贤者能尽祭之义。"（《礼记·祭统》）治政的方法，没有比礼更重要的；礼有多种，没有比祭祀之礼更重要的。祭祀这件事，并没有外物强迫你去做，而是发自内心的自觉举动。寒来暑往，时序推移，感物伤时，触景生情，自然会想起逝去的亲人。因此，只有贤者才能理解祭祀的意义。"贤者之祭也，致其诚信，与其诚敬，奉之以物，道之以礼，安之以乐，参之以时，明荐之而已矣。不求其为，此孝子之心也。"（《礼记·祭统》）贤者的祭祀，不过是竭尽诚信与忠敬，献以祭品，行以礼仪，和以音乐，参以季节，洁以荐献。并非存心祈求神灵佑护，这才是孝子的心情。

祭祀的意义，一在反本，二在报功。反本者，不忘其本也。人类接受了天地所赐，受到了父母生养，不能忘其本。天地也好，先人也好，都给予人们以滋养和福佑，不能忘其功。

孔子称赞过的鲁国贤人柳下惠，有一段关于"祭祀"的精彩论述：

> 夫圣王之制祀也，法施于民则祀之，以死勤事则祀之，以劳定国则祀之，能御大灾则祀之，能扦（hàn）大患则祀之。非是族也，不在祀典。……加之以社稷山

川之神，皆有功烈于民者也。及前哲令德之人，所以为明质也；及天之三辰，民所以瞻仰也；及地之五行，所以生殖也；及九州名山川泽，所以出财用也。非是不在祀典。（《国语·鲁语上》）

"法施于民"，是制定法则的；"以死勤事"，是以身殉国的；"以劳定国"，是安定天下的；"御大灾""扞大患"，是抵御天灾人祸的。祭祀这些前代圣哲美德之人，可以传承信仰，取信于民，这就是"明质"（质者，信也）。土地、五谷、山川，都有功于人类；天上的日月星辰，地上的金、木、水、火、土，帮助人类繁衍生息；九州名山大川，帮助人们获得财用。那么，对这些"神明"，祭祀能不诚敬吗？

子曰："务民之义，敬鬼神而远之，可谓知矣。"（《论语·雍也》）孔子在回答"什么是智慧"的问题时，却让人们把重点放在人事（民）上，放在"道义"上，"敬鬼神而远之"。这是不是矛盾？其实，在孔子、在圣人那里，并不矛盾。祭祀鬼神，祭祀祖先，让人心生敬畏，是确立一种道德观念，确立一种信仰力量，从而安定身心。"敬"之后"远之"，则是防止普通民众缺乏识见，畏之过甚，丧失理性。敬，是"神道设教"；远，是"务民之义"。

"祭者，志意思慕之情也，忠信爱敬之至矣，礼节文貌之盛矣。苟非圣人，莫之能知也。圣人明知之，士君子安行之，官人以为守，百姓以成俗。其在君子，以为人道也；其在百姓，以为鬼事也。"(《荀子·礼论》)祭祀，是心意和思念的累积，是忠信爱敬的极点，是礼节仪式的展现。非圣明之人，难以知其真义。圣人理解它，君子实行它，官吏以为职守，百姓以为习俗。君子将其看作道义，百姓将其看作鬼神。君子"以为人道"，就是孔子所说的"务民之义"。以"神道"为"教化"，这是对中庸之道的极致运用。因为敬畏的本质是"诚"，不论君子因诚生"义"，"忠信爱敬"，还是将"神道设教"用于"化民成俗"，还是引导民众"敬而远之"，都是内心诚敬无欺的体现；所以，"祭如在，祭神如神在"(《论语·八佾》)。孔子还说："吾不与祭，如不祭。"(《论语·八佾》)"如"神在，究竟在不在？存而不论。不论在不在，致祭要诚敬。先人也好，神明也罢，他们要么给我们以生命，造福于后人，要么总领山河，给人类以生息，所以，都值得人们尊重。因此，要祭，就要亲自参与；不参与，如同不祭。

《孔子家语·五帝德》："宰我问于孔子曰：'昔者吾闻诸荣伊曰：黄帝三百年。请问：黄帝者，人也？抑非人也？何以能至三百年乎？'"孔子说，黄帝聪明睿智，多有发明，造福于民，"民赖其利，百年而死；民畏其神，百年而亡；民用其教，百年而移。故曰：黄帝三百年"。民众依赖他的恩惠，足有一百年；他死之后，民众敬服他的神明，足有一百年；此后民众遵循他的教化，又有一百年。所以说"黄帝三百年"。人们怀念黄帝等先代明王，在反其本而报其功的同时，教化百姓，导人向善，这就是"慎终追远，民德归厚"(《论语·学而》)。谨慎对待父母的死亡，诚敬追念先祖的功德，民众自然就会修养德行，民风淳厚。儒家并非宗教，却在中国历史文化中起到了信仰的作用，原因在此。

子曰："昔者，明王①事父孝，故事天明②；事母孝，故事地察③；长幼顺，故上下治④。天地明察，神明彰矣⑤。

"故虽天子，必有尊也，言有父也⑥；必有先也，言有兄也⑦。宗庙致敬，不忘亲也⑧。修身慎行，恐辱先也⑨。宗庙致

① 明王：圣明睿智的帝王。明，因有睿智故能明察。古文中的"先王"其实与"明王"同义，前者强调时代，后者强调聪明。② 事父孝，故事天明：侍奉父亲能尽孝道，所以天子祭天就能开发自己本性里的光明。事天明，指天子祭天能够使上天明白其对父孝敬和对天诚敬之心，也能明白上天庇护万物的道理。③ 事母孝，故事地察：侍奉母亲能尽孝道，所以天子祭地就能对万事万物观察得清清楚楚。事地察，指天子祭地能明察大地生长哺育万物的道理。这也是《中庸》第十二章所说"上下察"之义。④ 长幼顺，故上下治：兄弟关系合礼和睦，就能使得上下级关系井然有序。长幼，兄弟。上下，上下级。治，整饬，有条不紊。⑤ 天地明察，神明彰矣：天子以孝道侍奉天地，效法天地之德，得到天地的明察，神灵就来感应，接受祭祀，赐予神佑，帝王的德行也借此感化万民。彰，彰扬、赞许。⑥ 虽天子，必有尊也，言有父也：即使贵为天子，也必有他所尊敬的，那就是他的诸父。诸父，指天子的父亲及其兄弟，以及同祖的叔伯父。⑦ 必有先也，言有兄也：天子必还有长于他的人，那就是他的诸兄。诸兄，指天子的兄弟及同祖的叔伯兄弟。⑧ 宗庙致敬，不忘亲也：到宗庙祭祀祖先时，要极尽诚敬，不敢忘怀列祖列宗，不敢忘记祖先的恩德。宗庙，祭祀先祖的地方。⑨ 修身慎行，恐辱先也：平日里修身养性，谨慎自己的起心动念和言行举止，这是唯恐玷污了祖先的英名。修身，修养身心。慎行，行为小心谨慎。辱，羞辱、侮辱。先，先祖。

jìng guǐ shén zhù yǐ　　xiào tì zhī zhì tōng yú shén míng
敬，鬼神著矣①。孝悌之至，通于神明，

héng yú sì hǎi　wú suǒ bù tōng
光于四海，无所不通②。

　　shī yún　　zì xī zì dōng　zì nán zì běi　wú
　　"《诗》云：'自西自东，自南自北，无

sī bù fú
思不服③。'"

　　①宗庙致敬，鬼神著矣：在祭祀宗庙之时，必须至诚恭敬，才能感应祖先来享受他的祭祀。鬼神著，意思是祖先的神灵显现，前来享受子孙诚敬的祭祀。鬼神，指祖先神灵。著，指祖先之灵显著彰明。也有人认为，著是附着的意思，指祖先因祭祀诚敬都来附着在宗庙里享用祭品。②孝悌之至，通于神明，光于四海，无所不通：真正把孝悌之道做到圆满，便能贯通天地神明，自己本性的光明就会充满天下，没有不通达之处。前一个"通"，贯通、交于（神明）。神明，指天地之神。后一个"通"，通达。光，通"横"，充满、充塞。③自西自东，自南自北，无思不服：天下东西南北各地，没有一个地方不服从孝悌之道的教化。语出《诗经·大雅·文王有声》。此诗赞颂周文王的文德，并歌颂武王能够继承文王极好的声誉，完成其志愿。无思不服，没有人不服从。思，助词，用于句首或句中。高亨《诗经今注》、向熹《诗经词典》认为，"思"是"想"的意思。服，归附、服从。

shì jūn zhāng dì shí qī
事君章第十七

　　《事君章》经文49个字，合章名共55个字。此章阐述了忠君事君的道理。为人子女，始于事亲，是小孝；出仕从政，为国家做事，这是大孝。应以爱敬之心尽孝于父母，以忠顺之心服务于国家。

　　《圣治章》已提出"进退可度"，这里进一步阐明，"进退"就是"进思尽忠，退思补过"，"可度"就是"将顺其美，匡救其恶"。君子出仕，以"道"为己任。这个"道"，作为名词来讲，是道义，是应坚持的原则；作为动词来讲，则是"行道"，以道义指导政治，造福于民。尽己之力，尽忠职守，是行道；匡正上级过失，以免害民，也是行道。

　　"上下能相亲"，既是由于上下志同道合，勠力同心，目标一致，也是由于上下相处有道，相互谅解。由此，君享其安乐，臣得其尊荣。

孟子说："人少，则慕父母；知好色，则慕少艾；有妻子，则慕妻子；仕则慕君，不得于君则热中。"（《孟子·万章上》）人在幼时则怀恋父母，知道男女之别就喜欢年轻的美女，有了妻子就迷恋妻室，做了官就讨好君主，得不到上级的欢心就心中焦急火热。这些都是人情自然之理。黄道周说："故忠者，孝中之务也，以孝作忠，其忠不穷。"（《孝经集传·事君章》）忠，是从孝中来的，把人情自然之孝移为忠，则其忠无穷。

　　"进思其忠""将顺其美"相对容易做到，而"退思补过""匡救其恶"则相对难一些。"子路问事君。子曰：'勿欺也，而犯之。'"（《论语·宪问》）子路请教如何事君，孔子提出了两点：一是不要欺骗他，二是可以冒犯他。阳奉阴违，故意欺骗，是对君上的愚弄，这是不可原谅的。犯颜直谏，是为了补救君上的过失。即使其一时接受不了，但只要不昏庸糊涂，想明白之后就会感激进言者的好意。

　　所以，不论是进是退，是美是恶，只要以孝事亲，移孝事君，就能把握住其间的正道大义，就能上下相亲，不走偏犯错。

子曰："君子之事上也①，进思尽忠②，退思补过③，将顺其美，匡救其恶④，故上下能相亲也⑤。

"《诗》云：'心乎爱矣，遐不谓矣。中心藏之，何日忘之⑥？'"

①君子之事上也：君子侍奉君上。君子，指贤能者、有德行者。有的版本作"孝子"。依据权威版本及《孝经正义》注疏，"君子"正确。事上，以孝敬父母之行来侍奉君上。②进思尽忠：出而为国家做事，要考虑怎样尽心竭力，没有一点虚伪不实之处。进，进见于君，指在朝廷为官。思，考虑。尽忠，对国家竭尽忠诚。③退思补过：从朝廷退居在家时，又从自身职责的角度想着如何来纠正补救君上的过失。退，退职闲居家中。补过，弥补国君与国家大事中的不当之处。④将顺其美，匡救其恶：对君主的美德善政，要顺从实行，帮助其推行；对于君主的过失，也要扶正补救。将，执行、实行、奉行、秉承。顺，顺从，自己顺从，还要帮助君主使天下人顺从。美，善。匡，纠正、扶正。救，补救、弥补、制止。匡救，扶正补救。⑤上下能相亲也：在上位的君主和在下位的臣子，都能够相互亲近、相互信任了。概括而言，臣能效忠于君，君能以礼待臣，君臣同心同德，就能互信相亲。上，君上。下，臣下。⑥心乎爱矣，遐不谓矣。中心藏之，何日忘之：臣子忠爱君主之心，虽然不在国君左右，也不觉得遥远。因为效忠君主的志向，一刻也没有忘怀。语出《诗经·小雅·鱼藻之什》。遐，远。

丧亲章第十八

sàng qīn zhāng dì shí bā

　　《丧亲章》经文 142 个字，合章名共 148 个字。此章专讲慎终追远之道，阐述了孝子料理丧事应遵循的礼法，以之教化世人。

　　孔子认为，在表达哀痛之情的同时，也要注意不可哀伤过度，从而损害健康。在具体做法方面，要谨慎地准备棺椁衣衾，陈设祭器，送殡出葬，择地安葬，建立家庙或宗祠，以时祭祀。最后指出事亲的根本是"生事爱敬，死事哀戚"，如此则"生民之本尽矣，死生之义备矣"。

　　《说文解字》："丧，亡也，从哭从亡。"段玉裁注："亡，逃也。亡非死之谓，故《中庸》曰：'事死如事生，事亡如事存。'"父母去世，永远离开了子女，不忍言其"死"，故代之以"丧"。有此情，不能不有此礼，故"称情而立文"（《礼记·三年问》），根据人的情感而建立礼法制度。

人死后到底有没有知觉？孔子的学生子贡也有这个疑惑，故而向孔子请教。孔子说："吾欲言死之有知，将恐孝子顺孙妨生以送死；吾欲言死之无知，将恐不孝之子弃其亲而不葬。"意思是：我要说死者有知觉，则担心孝顺的子孙尽力厚葬而妨害了生者；我要说死者无知觉，又怕不孝之子抛弃亲人而不埋葬。这个问题"非今之急，后自知之"。这不是你现在要急于了解的事情，以后自然就会知道。(《孔子家语·致思》)孔子的意思是，重要的是要理解事情的本质，而不是表面的现象。

中国人有一种"大生命观"。一方面，不把自己的生命仅仅看作是个人的，把自己看成是祖先生命的延续，而将来子孙还会延续自己的生命。所以，"生，事之以礼；死，葬之以礼，祭之以礼"，这才是"无违"，不违礼。(《论语·为政》)另一方面，每一代人都有自己的人生理想和奋斗目标，即使这一代人实现不了，但坚信后代一定是会实现的。所谓"不孝有三，无后为大"，这就到了孝的最高境界。"无后为大"，并不是说传宗接代、繁衍生命最大，更不是生儿子最大，而是说，要把祖先创立和传承的"道"继承、弘扬下去，不使文化断根，不使道统灭绝。这是后人对祖先最高层次的"孝道"。从这个角度来说，怎么能简单的谈论人死后有没有知觉呢？

"林放问礼之本。子曰：'大哉问！礼，与其奢也，宁俭；丧，与其易也，宁戚。'"(《论语·八佾》)林放请教礼的本质。孔子说：这个问题意义重大！礼仪，与其铺张浪费，宁可朴素俭约；丧事，与其仪文周到，宁可内心哀伤。

　　然而，任何事情都应有所节度。亲人去世，对活着的人是最大的伤痛，但活着的人要持之有节，不可过度悲伤。所以，三日后必须饮食，服丧也不要超过三年。《礼记·三年问》："夫三年之丧，天下之达丧也。"为亲人服丧三年，是上至天子下至庶人共同遵守的礼制。

　　从这种主张本身，可以看到对父母"爱"和"敬"的程度。有人反对说，"三年之丧，期（jī，一年）已久矣。君子三年不为礼，礼必坏；三年不为乐，乐必崩"，"期可已矣"，服丧一年就可以了。（《论语·阳货》）确实，从人情来说，取法一年之四时，万物之春生、夏长、秋收、冬藏，服丧以一年为期并不是说不过去。但是，从这种认识中，我们只能看到对父母的自然亲情，这种"爱"还没有能够上升到"仁"的高度，因此还达不到"敬"的层次。就像很多人对自己的父母、自己的妻子都有爱，但爱有偏私，程度有所不同。对亲人都是如此，对其他人更是这样。孔子从"子生三年，然后免于父母之怀"来论证"夫三年之丧，天下之通丧也"（《论语·阳货》），好像说服力还不够。荀子进而认为，这是出于礼法"加隆"的需要。对于夫妻、兄弟，出于"亲亲"之"爱"，服丧以一年为期；而对于父母、祖父，因"尊尊"之"敬"，可"加隆"至三年。三年之丧者，"称情而立文"，"立中制节"，这是取了一个不上不下的"中道"。（《荀子·礼论》）孔子的孙子子思子完美解释了孔子"三年之丧"的主张——对于仅讲求自然亲情之爱的人来说，三年之丧时间确实长了些，"不至焉者，跂（qǐ）而及之"，你们德行高度不够，就踮起脚后跟，手往上伸一下；对于衷情有爱且对父母尊敬深沉的人来说，三年之丧时间仍然短了些，"过之者，俯而就之"，你们太过悲伤也不行，容易伤身误事，就俯下身子，往下将就一下。(《礼记·檀弓上》)"三年之丧，二十五月而毕，若驷之过隙，然而遂之，则是无穷也。故先王焉为之立中制节，壹使足以成文理，则释之矣。"(《礼记·三年问》)据《唐律疏议·职制》，父母之丧，法合二十七月，二十五月内是正丧。二十五个月就像白驹过隙，很快就过去了，孝子的悲伤却没有穷尽；所以要"立中制节"，秉持中道，有所节制。

按照礼制，父母去世后，官员必须辞官回乡守孝，称为"丁忧"。因丁忧时间较长，承担重要职务的官员长期离岗可能会影响政事，所以有特殊情况时，朝廷会要求官员不回乡而留在岗位上，或已回乡丁忧而期限未满的，提前召回。这称为"夺情"。

子曰："孝子之丧亲①也，哭不偯②，礼无容③，言不文④，服美不安⑤，闻乐不乐⑥，食旨不甘⑦，此哀感⑧之情也。三日而食，教民无以死伤生⑨，毁不灭性，此圣人之政也⑩。丧不过三年，示民有终也⑪。

①丧亲：父母离去，指失去父母，不忍言死。②哭不偯：哭得声嘶力竭，发不出悠长的哭腔。偯，哭泣的余声。《礼记·间传》："斩衰（cuī）之哭，若往而不反（返）。齐（zī）衰之哭，若往而反（返）。大功之哭，三曲而偯。小功缌（sī）麻，哀容可也。此哀之发于声音者也。"为父服丧称为"斩衰"。③礼无容：举止行为失去了平时的端正礼仪。容，保持端正的容貌。④言不文：言语没有了条理文采。文，文辞方面的修饰，有文采。⑤服美不安：穿上华美的衣服就心中不安。由于孝子丧亲，穿着华美的衣裳会于心不安，因此，丧礼规定孝子要穿麻布做的不缝边的缞（cuī）麻。服美，穿着漂亮、艳丽的衣裳。⑥闻乐不乐：听到美妙的音乐也不快乐。由于心中悲哀，孝子听到音乐也并不感到快乐。所以，丧礼规定，孝子在服丧期内不得演奏或欣赏音乐。⑦食旨不甘：吃美味的食物不觉得好吃。这是说即使吃美味的食物，孝子因为哀痛也不会觉得好吃。旨，鲜美的食物。甘，香甜。⑧感：发自内心的悲伤。一些版本作"戚"。阮元认为，根据下文"哀感之""死事哀感"的写法，并核对石台本、宋熙宁石刻本、郑注本，应为"感"字。⑨三日而食，教民无以死伤生：父母之丧，即使悲伤，三天之后也要吃东西，这是教导人民不要因失去亲人的悲哀而损伤生者的身体。⑩毁不灭性，此圣人之政也：不要因过度的哀毁而损伤性命，这是圣贤君子的为政之道。毁，哀毁，因悲哀而损坏身体健康。性，性命。政，法则，指圣人制礼施教的法则。⑪丧不过三年，示民有终也：为亲人守丧不超过三年，是告诉人们居丧是有其终止期限的。丧，服丧。示，让人知道。

"为①之棺椁、衣衾②而举之③；陈其簠簋而哀戚之④；擗踊哭泣，哀以送之⑤；卜其宅兆而安措之⑥；为之宗庙以鬼享之⑦；春秋祭祀以时思之⑧。

"生事爱敬，死事哀戚⑨，生民之本尽矣，死生之义备矣⑩，孝子之事亲终⑪矣。"

①为：制作。②棺椁、衣衾：棺材、外棺、穿戴的衣饰和抬尸的被子。丧礼规定，死者的地位和身份不同，棺、椁的厚薄、数量不同，衣、衾的多寡也不同。棺，棺材。椁，套棺，套于棺外的大棺。衣，指敛尸之衣。衾，用来将死者从床上抬入棺材的被子。③举之：抬起遗体。④陈其簠簋而哀戚之：陈列摆设簠簋类祭奠器具，以寄托生者的哀痛和悲伤。丧礼规定，从父母去世，到出殡入葬，死者的身旁都要供奉食物，用簠、簋、鼎、俎、豆等器具盛放，此处只举"簠簋"为代表。簠簋，古代盛放黍、稷、稻、粱等食物的两种器皿，也用作祭器、礼器。簠，长方形，有四足。簋，多为圆形。戚，哀伤。⑤擗踊哭泣，哀以送之：出殡的时候，捶胸顿足，号啕大哭地哀痛送出。擗踊，捶胸顿足，古丧礼中表示极度悲痛的动作。擗，用手拍胸。踊，以脚顿地。⑥卜其宅兆而安措之：占卜墓穴吉地以安葬亲人。卜，占卜。宅，墓穴。兆，坟园、陵园。安措，安置，将棺椁安放到墓穴中去。⑦为之宗庙以鬼享之：兴建起祭祀用的庙宇，使亡灵有所归依并享受生者的祭祀。宗，尊。庙，貌。意思是祭于宗庙，见先祖之尊貌。鬼，人死为鬼，即"归"。⑧春秋祭祀以时思之：一年四季举行祭祀，以表示生者无时不思念亡故的亲人。春秋，代指春、夏、秋、冬四季。每年寒来暑往季节变换时，容易想念死去的亲人。⑨生事爱敬，死事哀戚：父母在世时，孝敬抚养；父母去世后，哀思想念，以时祭祀。⑩生民之本尽矣，死生之义备矣：尽到了人生在世的孝道，做到了养生送死的本分。生民，活着的人。本，根本，指孝道。义，责任。备，完备。⑪终：完成，结束。

《古文孝经》

《古文孝经序》（孔安国）

《孝经郑氏注序》（郑玄）

《孝经序》（李隆基）

《孝经注疏序》（邢昺）

《四库全书总目·孝经类序》（纪昀等）

古文孝经 ①

开宗明谊 ② 章第一

【经一百二十五字】

　　仲尼闲居，曾子侍坐。子曰："参，先王有至德要道，以训天下，民用和睦，上下亡 ③ 怨。女知之乎？"曾子避席曰："参不敏，何足以知之乎？"子曰："夫孝，德之本也，教之所繇 ④ 生也。复坐，吾语女。身体发肤，受之父母，不敢毁伤，孝之始也。立身行道，扬名于后世，以显父母，孝之终也。夫孝，始于事亲，中于事君，终于立身。《大雅》云：'亡念尔祖，聿修其德。'"

天子章第二

【经五十三字】

　　子曰："爱亲者不敢恶于人，敬亲者不敢慢于人。爱敬尽于事亲，然后德教加于百姓，刑于四海。盖天子之孝也。《吕刑》云：'一人有庆，兆民赖之。'"

诸侯章第三

【经七十六字】

　　子曰："居上不骄，高而不危；制节谨度，满而不溢。高而

---

① 旧题"（汉）孔安国撰《古文孝经孔传》"。据乾隆四十一年长塘鲍氏刻本（《知不足斋丛书》本）整理。② 谊：通"义"。③ 亡：通"无"。④ 繇：通"由"，自，从。

不危，所以长守贵也；满而不溢，所以长守富也。富贵不离其身，然后能保其社稷而和其民人。盖诸侯之孝也。《诗》云：'战战兢兢，如临深渊，如履薄冰。'"

卿大夫章第四
【经九十四字】

子曰："非先王之法服不敢服，非先王之法言不敢道，非先王之德行不敢行。是故非法不言，非道不行；口亡择言，身亡择行。言满天下亡口过，行满天下亡怨恶。三者备矣，然后能保其禄位而守其宗庙。盖卿大夫之孝也。《诗》云：'夙夜匪解①，以事一人。'"

士章第五
【经八十六字】

子曰："资于事父以事母，其爱同；资于事父以事君，其敬同。故母取其爱，而君取其敬，兼之者父也。故以孝事君则忠，以弟事长则顺。忠顺不失，以事其上，然后能保其爵禄，而守其祭祀。盖士之孝也。《诗》云：'夙兴夜寐，亡忝尔所生。'"

庶人章第六
【经二十四字】

子曰："因天之时，就地之利，谨身节用，以养父母。此庶人之孝也。"

---

① 解：后作"懈"，懈怠。

孝平章第七

【经二十五字】

子曰："故自天子以下至于庶人，孝亡终始，而患不及者，未之有也。"

三才章第八

【经一百二十九字】

曾子曰："甚哉，孝之大也！"子曰："夫孝，天之经也，地之谊也，民之行也。天地之经而民是则之。则天之明，因地之利，以训天下。是以其教不肃而成，其政不严而治。先王见教之可以化民也，是故先之以博爱而民莫遗其亲，陈之以德谊而民兴行，先之以敬让而民不争，导之以礼乐而民和睦，示之以好恶而民知禁。《诗》云：'赫赫师尹，民具尔瞻。'"

孝治章第九

【经一百四十四字】

子曰："昔者明王之以孝治天下也，不敢遗小国之臣，而况于公、侯、伯、子、男乎？故得万国之欢心，以事其先王。治国者不敢侮于鳏寡，而况于士民乎？故得百姓之欢心，以事其先君。治家者不敢失于臣妾之心，而况于妻子乎？故得人之欢心，以事其亲。夫然，故生则亲安之，祭则鬼享之，是以天下和平，灾害不生，祸乱不作。故明王之以孝治天下也如此。《诗》云：'有觉德行，四国顺之。'"

圣治章第十
【经一百四十一字】

曾子曰："敢问圣人之德，亡以加于孝乎？"子曰："天地之性人为贵。人之行莫大于孝，孝莫大于严父，严父莫大于配天，则周公其人也。昔者，周公郊祀后稷以配天，宗祀文王于明堂以配上帝，是以四海之内各以其职来助祭。夫圣人之德，又何以加于孝乎？是故亲生毓之，以养父母日严。①圣人因严以教敬，因亲以教爱。圣人之教不肃而成，其政不严而治，其所因者本也。"

父母生绩章第十一
【经三十字】

子曰："父子之道，天性也，君臣之谊也。父母生之，绩莫大焉；君亲临之，厚莫重焉。"

孝优劣章第十二
【经一百二十字】

子曰："不爱其亲而爱他人者，谓之悖德；不敬其亲而敬他人者，谓之悖礼。以训则昏，民亡则焉。②不宅于善而皆在于凶德，虽得志，君子弗从也。君子则不然，言思可道，行思可乐，德谊可尊，作事可法，容止可观，进退可度，以临其民。是以其民畏而爱之，则而象之。故能成其德教而行其政令。《诗》云：

---

① 亲生毓之，以养父母日严：父母生下子女，并养育他们，子女对父母的尊敬也日益加深。毓，古同"育"字。② 以训则昏，民亡则焉：如果用这种行为作为教育，百姓就会陷入混乱，没有可以效仿的准则。训，训导。

'淑人君子，其仪不忒。'"

纪孝行章第十三
【经九十三字】

子曰："孝子之事亲也，居则致其敬，养则致其乐，疾则致其忧，丧则致其哀，祭则致其严。五者备矣，然后能事其亲。事亲者，居上不骄，为下不乱，在丑不争。居上而骄则亡，为下而乱则刑，在丑而争则兵。此三者不除，虽日用三牲之养，繇^①为不孝也。"

五刑章第十四
【经三十七字】

子曰："五刑之属三千，而辠（zuì）^②莫大于不孝。要君者亡上，非圣人者亡法，非孝者亡亲。此大乱之道也。"

广要道章第十五
【经八十一字】

子曰："教民亲爱，莫善于孝。教民礼顺，莫善于弟^③。移风易俗，莫善于乐。安上治民，莫善于礼。礼者，敬而已矣。故敬其父则子说^④，敬其兄则弟说，敬其君则臣说，敬一人而千万人说。所敬者寡而说者众，此之谓要道也。"

---

① 繇：通"犹"，尚且，仍然。《广韵·尤韵》："繇，犹也。"② 辠：古"罪"字。③ 弟，通"悌"。④ 说：通"悦"。

广至德章第十六
【 经八十三字 】

子曰："君子之教以孝也，非家至而日见之也。教以孝，所以敬天下之为人父者也；教以弟，所以敬天下之为人兄者也；教以臣，所以敬天下之为人君者也。《诗》云：'恺悌君子，民之父母。'非至德，其孰能训民如此其大者乎？"

应感章第十七
【 经一百十三字 】

子曰："昔者，明王事父孝，故事天明；事母孝，故事地察；长幼顺，故上下治。天地明察，鬼神章矣。故虽天子，必有尊也，言有父也；必有先也，言有兄也，必有长也。宗庙致敬，不忘亲也。修身慎行，恐辱先也。宗庙致敬，鬼神著矣。孝弟之至，通于神明，光于四海，亡所不暨（jì）①。《诗》云：'自东自西，自南自北，亡思不服。'"

广扬名章第十八
【 经四十四字 】

子曰："君子事亲孝，故忠可移于君；事兄弟，故顺可移于长；居家理，故治可移于官。是以行成于内，而名立于后世矣。"

---

① 暨：及，至。

107

闺门章第十九
【经二十四字】

子曰：“闺门之内，具礼矣乎！严亲严兄。妻子臣妾，繇①百姓徒役也。”

谏争章第二十
【经一百四十八字】

曾子曰：“若夫慈爱、龚②敬、安亲、扬名，参闻命矣。敢问子从父之命，可谓孝乎？”子曰：“参，是何言与，是何言与！言之不通邪！昔者，天子有争臣七人，虽亡道，不失天下；诸侯有争臣五人，虽亡道，不失其国；大夫有争臣三人，虽亡道，不失其家；士有争友，则身不离于令名；父有争子，则身不陷于不谊。故当不谊，则子不可以不争于父，臣不可以不争于君。故当不谊则争之。从父之命，又安得为孝乎？”

事君章第二十一
【经四十九字】

子曰：“君子之事上也，进思尽忠，退思补过，将顺其美，匡救其恶，故上下能相亲也。《诗》云：‘心乎爱矣，遐不谓矣。忠心臧③之，何日忘之？’”

①繇：犹，如同。②龚：同“恭”，恭敬。③臧：后作“藏”，收藏，隐藏。

丧亲章第二十二
【经一百四十二字】

子曰："孝子之丧亲也，哭不依[①]，礼亡容，言不文，服美不安，闻乐不乐，食旨不甘，此哀戚之情也。三日而食，教民亡以死伤生也。毁不灭性，此圣人之正[②]也。丧不过三年，示民有终也。为之棺椁、衣衾以举之；陈其簠簋而哀戚之；哭泣擗踊，哀以送之；卜其宅兆而安措之；为之宗庙以鬼享之；春秋祭祀以时思之。生事爱敬，死事哀戚，生民之本尽矣，死生之谊备矣，孝子之事终矣。"

---

① 不依：今文《孝经》作"不偯"，哭声无依违余音。② 正：通"政"，政治，政事。

古文孝经序①

（西汉）孔安国②

《孝经》者何也？孝者，人之高行；经，常也。自有天地人民以来，而孝道著矣。上有明王，则大化滂（pāng）流③，充塞六合④。若其无也，则斯道灭息。当吾先君孔子之世，周失其柄⑤，诸侯力争，道德既隐，礼谊又废。至乃臣弑⑥其君，子弑其父，乱逆无纪，莫之能正。是以夫子每于闲居，而叹述古之孝道也。

夫子敷⑦先王之教于鲁之洙泗，门徒三千，而达者七十有二也。贯首弟子颜回、闵子骞、冉伯牛、仲弓，性也至孝之自然，皆不待谕⑧而寤⑨者也。其余则悱（fěi）悱愤愤⑩，若存若亡⑪。唯曾参躬行匹夫之孝，而未达天子、诸侯以下扬名显亲之事，因侍坐而谘（zī）⑫问焉。故夫子告其谊，于是曾子喟然知孝之为大也。遂集而录之，名曰《孝经》，与"五经"并行于世。逮⑬

① 据乾隆四十一年长塘鲍氏刻本（《知不足斋丛书》本）整理。② 孔安国：字子国，鲁国人，孔子后裔。西汉经学家，编著有《古文尚书》《古文孝经传》《论语训解》等。③ 滂流：涌流。④ 六合：上下四方，泛指天下。⑤ 柄：权柄。⑥ 弑：下杀上为弑。⑦ 敷：通"布"，宣告，陈述，布施。⑧ 谕：告诉。⑨ 寤：古同"寤"，意思是睡醒，如"楚王卧而寤，得吴王湛卢之剑"（《吴越春秋》）；又通"悟"，表示理解、明白。⑩ 悱悱愤愤：出自"不愤不启，不悱不发"（《论语·述而》）。朱熹对此的解释是："愤者，心求通而未得之意；悱者，口欲言而未能之貌。"⑪ 若存若亡：有时记在心里，有时则忘掉。出自《道德经》："上士闻道，勤而行之；中士闻道，若存若亡；下士闻道，大笑之。"⑫ 谘：同"咨"，征询，商议。⑬ 逮：到。

乎六国，学校衰废，及秦始皇焚书坑儒，《孝经》由是绝而不传也。至汉兴，建元①之初，河间王②得而献之，凡十八章，文字多误，博士颇以教授。后鲁共王③使人坏夫子讲堂④，于壁中石函⑤得古文《孝经》二十二章，载在竹牒，其长尺有二寸，字科斗⑥形。鲁三老⑦孔子惠⑧抱诣京师，献之天子。天子使金马门⑨待诏学士与博士群儒从⑩隶字写之。还子惠一通⑪，以一通赐所幸侍中⑫霍光⑬。光甚好之，言为口实⑭。时王公贵人咸神祕⑮焉，比于禁方⑯。天下竞欲求学，莫能得者。每使者至鲁，辄⑰以人事⑱请索。或好事者募以钱帛，用相问遗（wèi）⑲。鲁吏有至帝都者，无不齎（jī）⑳持以为行路之资。故古文《孝经》初出于孔氏。而今文十八章，诸儒各任意巧说，分为数家之谊㉑。浅学者以当"六经"，其大车载不胜㉒，反云孔氏无古文《孝经》，欲矇㉓时人。度其为说，诬亦甚矣！吾愍㉔其如此，发愤精思，为之训传，悉载本文，万有余言，朱以发经，墨以起

① 建元：汉武帝刘彻的年号。一般认为，这是中国历史上第一个年号。② 河间王：汉景帝刘启之子刘德，于公元前155年被封为河间王，是西汉时期著名的儒学学者和古籍收藏家。③ 鲁共王：即鲁恭王，汉景帝刘启之子刘余，七国之乱后封为鲁王。此人喜好营建宫室。④ 夫子讲堂：孔子讲学之处。⑤ 函：匣，盒子。⑥ 科斗：篆书的手写体，形如蝌蚪，故名。⑦ 鲁三老：鲁国的"三老"。⑧ 孔子惠：人名。⑨ 金马门：汉代未央宫宫门，门旁竖有铜马，汉武帝曾使学士待诏于此。⑩ 从：用。⑪ 一通：一件。⑫ 侍中：秦汉时的官名，汉代多为加官，加此官者可以入侍宫中。⑬ 霍光：字子孟，河东平阳（今山西临汾）人，西汉权臣、政治家，麒麟阁十一功臣之首。汉武帝临终之时指定其为大司马大将军，辅佐幼主，实现"昭宣中兴"。⑭ 言为口实：以此作为说话或言论的依据。口实，谈资。⑮ 神祕：神秘。⑯ 禁方：珍秘的药方。⑰ 辄：则，就。⑱ 人事：携带礼物拜见或请托。⑲ 用相问遗：互相赠送或交换。⑳ 齎：同"赍"，携带，持拿。㉑ 谊：意义，意思。《说文解字叙》："会意者，比类合谊。"㉒ 其大车载不胜：形容那些浅学者的学识不足以承载经典的博大。㉓ 矇：蒙蔽，使人不分明。㉔ 愍：忧患，痛心。《说文解字》："愍，痛也。"

传^①，庶^②后学者觌^③正谊之有在也。今中祕书^④皆以鲁三老所献古文为正，河间王所上虽多误，然以先出之故，诸国往往有之。汉先帝发诏称其辞者，皆言"传曰"，其实今文《孝经》也。

昔吾逮从^⑤伏生^⑥论古文《尚书》谊，时学士会，云出叔孙氏^⑦之门，自道知《孝经》有师法。其说"移风易俗，莫善于乐"，谓为天子用乐，省（xǐng）^⑧万邦之风，以知其盛衰。衰则移之以贞盛之教，淫则移之以贞固之风，皆以乐声知之。知则移之，故云"移风易俗，莫善于乐"也。又，师旷^⑨云："吾骤歌南风，多死声，楚必无功。"^⑩即其类也。且曰："庶民之愚，安能识音，而可以乐移之乎？"当时众人金^⑪以为善。吾嫌其说迂^⑫，然无以难（nàn）^⑬之。后推寻其意，殊不得尔也。子游为武城宰，作弦歌以化民。武城之下邑，而犹化之以乐。故《传》曰："夫乐，以开^⑭山川之风，以曜德于广远。风^⑮德以广之，风物以听之，修诗以咏之，修礼以节之。"^⑯又曰："用之邦国

---

①朱以发经，墨以起传：用朱色标明经文，用墨色标明传文。②庶：但愿，或许，表示希望发生或出现某事。③觌：同"睹"。看见。《说文解字》："睹，见也。"④中祕书：宫廷藏书。⑤逮从：赶上，跟从。谦虚的说法。⑥伏生：即伏胜，字子贱，秦汉时人，曾为秦博士。⑦叔孙氏：春秋战国时鲁国执政贵族，掌握鲁国实权。⑧省：考察，检查。⑨师旷：字子野，著名音乐大师，春秋时期晋国大臣。⑩此语出自《左传·襄公十八年》："晋人闻有楚师，师旷曰：'不害，吾骤歌北风，又歌南风。南风不竞，多死声，楚必无功。'"楚国要来攻打晋国，师旷在所吟唱的南曲中听出了死亡之声，所以断言从南面而来的楚国军队不会成功。⑪金：全，都。⑫迂：见解不高，言论不合时宜。⑬难：责难，驳斥。⑭开：原文为"关"，据《国语》改。⑮风：风纪，教化。⑯此语出自《国语·晋语·师旷论乐》："平公说新声，师旷曰：'公室其将卑乎！君之明兆于衰矣。夫乐，以开山川之风，以耀德于广远也。风德以广之，风山川以远之，风物以听之，修诗以咏之，修礼以节之。夫德广远而有时节，是以远服而迩不迁。'"

焉，用之乡人焉。"①此非唯天子用乐明矣。夫云集而龙兴，虎啸而风起，物之相感，有自然者，不可谓毋也。胡笳吟动，马蹀（dié）而悲②；黄老之弹，婴儿起舞。庶民之愚，愈于胡马与婴儿也，何为不可以乐化之？《经》又云："敬其父则子说③，敬其君则臣说。"而说（shuō）者④以为各自敬其为君父之道，臣子乃说也。余谓不然。君虽不君，臣不可以不臣；父虽不父，子不可以不子。若君父不敬其为君父之道，则臣子便可以忿之邪？此说不通矣。吾为《传》，皆弗之从焉也。

---

①此语出自《毛诗序》，意思是《关雎》这首诗既可用来治理国家，也可以用来教导乡间百姓。②胡笳吟动，马蹀而悲：胡笳的声音响起，马因悲鸣而踏步。胡笳，我国古代北方民族的一种管乐器，其音悲凉哀怨。蹀，踏、顿足。③说：通"悦"。④说者：议论的人。

孝经郑氏注序①

（东汉）郑玄②

《孝经》者，三才之经纬，五行之纲纪。孝为百行之首，经者不易之称。（见《玉海》卷四十一）

仆③避难④于南城山⑤，栖迟⑥岩石之下，念昔先人⑦，余暇⑧述夫子之志，而注《孝经》。（见刘肃《大唐新语》卷九、《太平御览》卷四十二、《太平寰宇记》卷二十三）

《春秋》有吕国而无甫侯⑨。（见《礼记·缁衣》正义）

①据师伏堂光绪乙未本（《师伏堂丛书》本）、光绪八年粤东刻本（《咫进斋丛书》本）整理。郑玄的《孝经注》已散失，现存辑本是从历代典籍中辑录出来的，以清代严可均辑本《孝经郑注》和皮锡瑞《孝经郑注疏》为代表。②郑玄：字康成，北海高密（今山东潍坊）人，东汉经学家。其遍注儒家经典，为汉代经学的集大成者。③仆：作者谦称，我。④避难：郑玄当时避黄巾之乱，客居于徐州（非今天的徐州）；也有人认为是避党锢之难。⑤南城山：在今天的临沂费县。据《太平御览》卷四十二所记，"山"上有"之"字。⑥栖迟：隐遁，游息。此处有漂泊失意的意思。⑦先人：郑玄的八世祖郑崇是西汉名臣，做过尚书仆射；其祖父郑冲也明经学。⑧暇：空闲。⑨《春秋》有吕国而无甫侯：见《天子章第二》"《甫刑》"注。《孝经郑注疏》所据《师伏堂丛书》本无此句，严可均辑本《孝经郑注》据《礼记·缁衣》正义增补。

孝经序①

（唐）李隆基②

朕闻上古③，其风朴略。虽因心之孝已萌，而资敬之礼犹简。及乎仁义既有，亲誉④益著。圣人知孝之可以教人也，故因严以教敬，因亲以教爱。于是以顺移忠之道昭矣，立身扬名之义彰矣。子曰："吾志在《春秋》，行在《孝经》。"⑤是知孝者，德之本欤！

《经》曰："昔者明王之以孝理⑥天下也，不敢遗小国之臣，而况于公、侯、伯、子、男乎？"朕尝三复斯言⑦，景行⑧先哲。虽无德教加于百姓，庶几⑨广爱刑⑩于四海。嗟乎！夫子没而微言绝⑪，异端起而大义乖⑫。况泯⑬绝于秦，得之者皆煨烬⑭之

---

①据国家图书馆藏元泰定三年刻本影印本整理。②李隆基：唐高宗李治与武则天之孙，唐睿宗李旦第三子，是唐朝在位时间最长的皇帝，庙号玄宗。③上古：远古之时。④亲誉：亲近而称誉。《荀子·议兵》："於是有能化善修身正行，积礼义，尊道德，百姓莫不贵敬，莫不亲誉。"⑤吾志在《春秋》，行在《孝经》：此句出自汉代的纬书《孝经钩命决》，是后人托名孔子所说。但这句话被公认为"古文师说"，是对孔子志行的精准概括。⑥理：今文《孝经》和古文《孝经》经文中均作"治"。⑦三复斯言：多次重复这句话。三，非确指，多数。⑧景行：敬仰。景行，即大道。出自《诗经·小雅》："高山仰止，景行行止。"司马迁在《史记·孔子世家》中引用此诗："'高山仰止，景行行止。'虽不能至，然心乡往之。"表达了对孔子的敬仰之情。⑨庶几：差不多。⑩刑：经文中为"刑"。⑪微言绝：精深微妙的义理断绝。后人称孔子的教导为"微言大义"。⑫乖：背离，混乱。⑬泯：灭。⑭煨烬：物体燃烧后剩下的东西，灰烬。煨，用微火慢慢地煮。这里指秦始皇焚书，使很多经典断了传承。

末；滥觞^①于汉，传之者皆糟粕之余。故鲁史《春秋》，学开五传^②；《国风》《雅》《颂》^③，分为四诗^④。去圣逾远，源流益别。

近观《孝经》旧注，蹐驳^⑤尤甚。至于迹相祖述，殆且百家^⑥；业擅专门，犹将十室^⑦。希升堂^⑧者，必自开户牖；攀逸驾^⑨者，必骋殊轨辙^⑩。是以道隐小成，言隐浮伪^⑪。且传以通经为义，义以必当为主。至当归一，精义无二，安得不翦其繁芜，而撮^⑫其枢要也？

韦昭^⑬、王肃^⑭，先儒之领袖。虞翻^⑮、刘邵^⑯，抑又次焉。

---

①滥觞：本谓江河发源之处，水很小，仅能浮起酒杯。后比喻事物的起源、发端。滥，泛、浮。觞，酒器。②鲁史《春秋》，学开五传：孔子作《春秋》，有五家分别为《春秋》作传，分别为左氏传、公羊传、穀梁传、邹氏传、夹氏传。③《国风》《雅》《颂》：《诗经》有《国风》《大雅》《小雅》《周颂》《鲁颂》《商颂》。④分为四诗：后世传习《诗经》的主要有四家，即毛诗、韩诗、齐诗、鲁诗。⑤蹐驳：相乖舛。《玉篇》："蹐驳，色杂不同。"蹐（chuǎn），古同"舛"，乖违、相背、错乱。驳（bó），古同"驳"，传说中一种形似马而能吃虎豹的野兽。⑥迹相祖述，殆且百家：学者从迹相寻，先后研究注疏《孝经》的，差不多达到百家之多。殆，差不多。⑦业擅专门，犹将十室：专门研究《孝经》，卓有成效，成为专家的，差不多有十家之多。⑧希升堂：希望登上厅堂，指学问入门。再进一步称为"入室"。⑨逸驾：奔驰的车驾。⑩骋殊轨辙：走其他的路。骋，纵马奔驰。殊，异、别的。轨辙：车轮的痕迹。⑪道隐小成，言隐浮伪：无知附会之徒专行小道，以浮华诡辩之词遮蔽圣人大道。道，圣人之道。小成，相对"大成"而言，指不能真确掌握圣人大道的人。言，这里指圣人之言。⑫撮：聚合。⑬韦昭：字弘嗣，吴郡云阳（今江苏丹阳）人。三国时期著名史学家，东吴四朝重臣，是中国古代从事史书编纂时间最长的史学家，后世《三国志》多取材其《吴书》。⑭王肃：字子雍，东海郡郯县（今山东郯城）人。三国时期魏国经学家。王肃遍注群经，对今古文经学加以综合。其所注经学被称作"王学"。⑮虞翻：字仲翔，会稽余姚（今浙江余姚）人。三国时期孙吴经学家，尤精《易》学。⑯刘邵：字孔才，邯郸（今河北邯郸）人。三国魏人。刘邵学问渊博，通天文、律令，文学也有高深造诣。

刘炫^①明安国^②之本，陆澄^③机^④康成^⑤之注。在理或当，何必求人？今故特举六家^⑥之异同，会五经之旨趣。约文敷畅，义则昭然；分注错经，理亦条贯。写之琬琰^⑦，庶有补于将来。且夫子谈经，志取垂训。虽五孝之用则别，而百行之源不殊。是以一章之中，凡有数句；一句之内，意有兼明。具载^⑧则文繁，略之又义阙。今存于疏，用广发挥。

---

　　① 刘炫：字光伯，隋河间景城（今河北献县）人。他学通南北经学，精博今文、古文经典。所制诸经义疏，为时人奉为"师宗"。孔颖达撰《五经正义》，多本于刘炫义疏。② 安国：孔安国。③ 陆澄：字彦深，出生于吴郡吴县（今江苏苏州），南朝时期藏书家。④ 机：应为"讥"。⑤ 康成：郑玄，字康成。⑥ 六家：上文中的六人。⑦ 琬琰：美玉名。琬（wǎn），没有棱角的圭。琰（yǎn），上端尖的圭。⑧ 具载：详细记载。具，详细、完备。

孝经注疏序 ①

（北宋）邢昺 ②

《孝经》者，百行之宗，五教③之要。自昔孔子述作，垂范将来，奥旨微言已备。解乎注疏，尚以辞高旨远，后学难尽讨论。今特剪截元疏④，旁引诸书，分义错经，会合归趣，一依讲说，次第解释，号之为讲义也。

翰林侍讲学士朝请大夫守国子祭酒上柱国赐紫金鱼袋臣邢昺等奉勑校定注疏

成都府学主乡贡傅注奉右撰

夫《孝经》者，孔子之所述作也。述作之旨者，昔圣人蕴大圣德，生不偶时⑤，适值周室衰微，王纲失坠，君臣僭乱，礼乐崩颓。居上位者赏罚不行，居下位者褒贬无作。孔子遂乃定《礼》《乐》，删《诗》《书》，赞《易》道，以明道德仁义之源；修《春秋》，以正君臣父子之法。又虑虽知其法，未知其行，遂说《孝经》一十八章，以明君臣父子之行所寄。知其法者修其行，知其行者谨其法。故《孝经纬》曰："孔子云：'欲观我褒贬诸侯之志，在《春秋》；崇人伦之行，在《孝经》。'"是知

---

①据国家图书馆藏元泰定三年刻本影印本整理。②邢昺：字叔明，曹州济阴（今山东曹县）人，北宋学者、教育家、经学家、训诂学家。《十三经注疏》有其所撰《孝经注疏》《论语注疏》《尔雅注疏》。邢昺以唐代元行冲《孝经疏》为蓝本整理《孝经注疏》，确立了今文《孝经》的地位。③五教：父义、母慈、兄友、弟恭、子孝五种伦理教育。④元疏：唐代元行冲所作《孝经疏》。⑤生不偶时：生不逢时。

《孝经》虽居六籍①之外，乃与《春秋》为表②矣。

先儒或云"夫子为曾参所说"，此未尽其指归也。盖曾子在七十弟子中孝行最著，孔子乃假立曾子为请益问答之人，以广明孝道。既说之后，乃属与曾子。洎（jì）③遭暴秦焚书，并为煨烬。汉膺④天命，复阐微言。

《孝经》，河间颜芝⑤所藏，因始传之于世。自西汉及魏，历晋、宋、齐、梁，注解之者迨及百家。至有唐之初，虽备存秘府，而简编多有残缺，传行者唯孔安国、郑康成两家之注，并有梁博士皇侃⑥《义疏》，播於国序⑦，然辞多纰缪，理昧（mèi）⑧精研。至唐玄宗朝，乃诏群儒学官，俾⑨其集议。是以刘子玄⑩辩郑注有十谬七惑，司马坚⑪斥孔注多鄙俚不经。其余诸家注解皆荣华其言，妄生穿凿。明皇遂於先儒注中采摭⑫菁英，芟（shān）⑬去烦乱，撮其义理允当者，用为注解。至天宝二年注成，颁行天下，仍自八分御札⑭，勒于石碑，即今京兆石台《孝经》是也。

①六籍：指《六经》，即《诗》《书》《礼》《易》《乐》《春秋》。②为表：互为表里，相互补充。③洎：到，及。如"自古洎今""洎乎近世"。④膺：接受，承当。⑤颜芝：秦汉之际河间（今河北献县）人。据称，秦朝焚书时，颜芝将《孝经》掩藏，使其免于焚毁。汉初解除挟书律后，颜芝之子颜贞将《孝经》献给河间献王，再由河间献王献给朝廷。这一版本被称为今文《孝经》，在汉代广泛流传。⑥皇侃：一作皇偘，吴郡（今江苏苏州）人。南朝时儒学家、经学家，尤明三礼，对《论语》《孝经》都有义疏或讲疏，是南朝经学的代表性人物。⑦国序：国家的教育机构或体系。⑧昧：昏暗不明。⑨俾：使。⑩刘子玄：刘知几，字子玄，徐州彭城（今江苏徐州）人，唐代史学家。⑪司马坚：即司马贞，字子正，河内（今河南沁阳）人，唐代史学家。由于此序为宋代人所作，为避宋仁宗赵祯讳，故改"司马贞"为"司马坚"。⑫摭：摘取。⑬芟：割草，引申为除去。⑭八分御札：唐玄宗亲自用八分书手书《孝经》。八分，隶书的一种字体，常用于刻碑。御札，指皇帝的诏书或手书。

四库全书总目·孝经类序 ①

（清）纪昀 ② 等

蔡邕 ③《明堂论》引魏文侯《孝经传》，《吕览·审微篇》④ 亦引《孝经·诸侯章》，则其来久矣。然授受无绪，故陈骙 ⑤、汪应辰 ⑥ 皆疑其伪。今观其文，去二戴 ⑦ 所录为近，要为七十子徒之遗书。使 ⑧ 河间献王采入一百三十一篇中，则亦《礼记》之一篇，与《儒行》《缁衣》转从其类。惟其各出别行，称孔子所作，传录者又分章标目，自名一经。后儒遂以不类《系辞》《论语》绳之，亦有由矣。中间孔、郑两本 ⑨，互相胜负，始以开元《御注》⑩ 用今文，遵制者从郑。后以朱子《刊误》⑪ 用古

---

① 据武英殿清乾隆刻本《四库全书总目》卷三十二整理。② 纪昀：字晓岚，号石云，直隶河间府献县（今河北献县）人，清代学者、文学家。乾隆三十八年，纪昀受命任《四库全书》总纂官，"始终其事，十有余年"。③ 蔡邕：字伯喈，陈留郡圉县（今河南尉氏县，一说今河南杞县）人。东汉文学家、书法家，才女蔡文姬之父。《熹平石经》传为蔡邕所书。④《吕览》：又名《吕氏春秋》，是战国末秦相吕不韦集合门客共同编写而成的杂家名著。《审微篇》（应为《察微篇》）是其中的一篇，主要讨论了事物发展的微小变化及其重要性。⑤ 陈骙：字叔进，台州临海（今浙江临海）人，南宋学者。⑥ 汪应辰：初名洋，字圣锡，信州玉山（今江西玉山）人。南宋学者、诗人、散文家。⑦ 二戴：西汉时期著名经学家戴德和戴圣叔侄二人，为礼学传承作出重要贡献，尤以辑注《礼记》闻名。⑧ 使：假使，假若。⑨ 孔、郑两本：《孝经》有古文、今文两种版本，分别由孔安国作传，由郑玄作注。⑩ 开元《御注》：唐玄宗御注《孝经》。⑪ 朱子《刊误》：南宋朱熹撰《孝经刊误》。

文，讲学者又转而从孔。要其文句小异，义理不殊，当以黄震①之言为定论。故今之所录，惟取其词达理明，有裨（bì）②来学，不复以今文、古文区分门户，徒酿水火之争。盖注经者，明道之事，非分朋角胜之事也。

---

①黄震：字东发，号文洁，庆元府慈溪县（今浙江慈溪）人，南宋思想家、散文家、理学家、史学家。他在《黄氏日钞》中说："按《孝经》一尔，古文、今文特所传微有不同。如首章今文云：'仲尼居，曾子侍。'古文则云：'仲尼闲居，曾子侍坐。'今文云：'子曰：先王有至德要道。'古文则云：'子曰：参，先王有至德要道。'今文云：'夫孝，德之本也，教之所由生也。'古文则云：'夫孝，德之本，教之所由生。'文之或增或减，不过如此，於大义固无不同。"②裨：补益，增添好处。

参考文献

[1]［战国］荀况著，［唐］杨倞注，耿芸标校：《荀子》，上海古籍出版社，2014 年。

[2]［汉］司马迁：《史记》，中华书局，2011 年。

[3]［汉］韩婴著，［清］卢文弨批校：《韩诗外传》，浙江古籍出版社，2025 年。

[4]［汉］班固：《汉书》，中华书局，2011 年。

[5]［汉］郑玄等撰，江曦整理：《孝经古注说》，上海古籍出版社，2021 年。

[6]［汉］许慎撰，［清］段玉裁注：《说文解字注》，上海古籍出版社，2010 年。

[7]［汉］高诱注，［清］毕沅校，徐小蛮标点：《吕氏春秋》，上海古籍出版社，2014 年。

[8]［唐］李隆基注，［宋］司马光指解，［宋］范祖禹说，赵四方、井良俊校点：《孝经注解》，见《孝经注解 温公易说 司马氏书仪 家范》，北京大学出版社，2023 年。

[9]［唐］李隆基注，［宋］邢昺疏，［清］阮元校刻：《孝经注疏》，上海图书馆藏清嘉庆二十年江西南昌府学刻本，传古楼影印

本,浙江大学出版社,2021 年。

[10][唐]李隆基注,[宋]邢昺疏:《元本孝经注疏》,清李盛铎木犀斋旧藏元泰定三年刻本,国家图书馆出版社,2018 年。

[11][唐]李隆基注,[宋]邢昺疏,金良年整理:《孝经注疏》,上海古籍出版社,2009 年。

[12][宋]司马光等撰,张恩标、徐瑞、李静雯整理:《古文孝经指解》(外二十三种),上海古籍出版社,2021 年。

[13][宋]黎靖德编,王星贤点校:《朱子语类》,中华书局,2020 年。

[14][元]陈澔注,金晓东点校:《礼记》,上海古籍出版社,2016 年。

[15][明]黄道周撰,翟奎凤、郑晨寅、蔡杰整理:《黄道周集》,中华书局,2017 年。

[16][明]黄道周撰,许卉、蔡杰、翟奎凤点校:《孝经集传》,中国社会科学出版社,2020 年。

[17][明]吕维祺撰:《孝经或问》,中华书局,1991 年。

[18][清]李之素、[清]冉觐祖、[清]赵起蛟撰,邵妍整理:《孝经集解》(外二种),上海古籍出版社,2021 年。

[19][清]朱轼注:《孝经注》,清康熙乾隆朱文端公藏书本。

[20][清]任启运撰:《孝经章句》,清道光古文孝经汇刻本。

[21][清]阮元校刻:《阮刻毛诗注疏》,浙江大学出版社,2013 年。

[22][清]阮元校刻:《阮刻周易兼义》,浙江大学出版社,2014 年。

[23][清]阮元校刻:《阮刻尚书注疏》,浙江大学出版社,2014年。

[24][清]阮元校刻:《阮刻礼记注疏》,浙江大学出版社,2015年。

[25][清]阮元校刻:《阮刻尔雅注疏》,浙江大学出版社,2021年。

[26][清]阮福撰,江曦整理:《孝经义疏补》,上海古籍出版社,2021年。

[27][清]皮锡瑞撰,吴仰湘点校:《孝经郑注疏》,中华书局,2016年。

[28][清]简朝亮著,周春健校注:《孝经集注述疏——附〈读书堂答问〉》,华东师范大学出版社,2011年。

[29]王利器:《新语校注》,中华书局,1986年。

[30]王玉德:《〈孝经〉与孝文化研究》,崇文书局,2009年。

[31]胡平生:《孝经译注》,中华书局,2009年。

[32][美]罗思文、安乐哲著,何金俐译:《生民之本:〈孝经〉的哲学诠释及英译》,北京大学出版社,2010年。

[33]赵萍主编:《孝经》,吉林大学出版社,2010年。

[34]汪受宽、金良年撰:《孝经·大学·中庸译注》,上海古籍出版社,2012年。

[35]顾迁注译:《孝经》,中州古籍出版社,2012年。

[36]舒大刚:《中国孝经学史》,福建人民出版社,2013年。

[37]杨朝明、宋立林主编:《孔子家语通解》,齐鲁书社,

2013 年。

[38] 陈壁生：《孝经学史》，华东师范大学出版社，2015 年。

[39] 曾琴主编：《小学国学经典教育读本·孝经》，黑龙江美术出版社，2015 年。

[40] 汪受宽译注：《孝经译注》，上海古籍出版社，2016 年。

[41] 胡平生、陈美兰译注：《礼记·孝经》，中华书局，2016 年。

[42] 王月清、暴庆刚、吴颖文主编：《天经地义：悦读〈孝经〉》，江苏人民出版社，2016 年。

[43] 姚中秋：《孝经大义》，中国文联出版社，2017 年。

[44] 萧史编著：《孝经》，青岛出版社，2017 年。

[45] 陈铁凡：《孝经学源流》，（台湾）南天书局有限公司，2018 年。

[46] 曾振宇注译：《孝经今注今译》，人民出版社，2018 年。

[47] 刘承沅编写：《孝经·礼记》，中国少年儿童出版社，2018 年。

[48] 杨伯峻译注：《论语译注》，中华书局，2019 年。

[49] 杨伯峻译注：《孟子译注》，中华书局，2019 年。

[50] 王天海、杨秀岚译注：《说苑》，中华书局，2019 年。

[51] 王新编校：《孝经》，中国商业出版社，2019 年。

[52] 方士华主编：《孝经》，民主与建设出版社，2019 年。

[53] 中华书局经典教育研究中心编：《大学·中庸诵读本（附〈孝经〉）》，中华书局，2019 年。

[54] 曹元弼著，宫志翀点校：《孝经郑氏注笺释》，中国社会科学出版社，2020 年。

[55] 唐文治著，乔继堂、刘冬梅点校：《四书大义（附〈孝经大义〉）》，上海科学技术文献出版社，2021 年。

[56] 张景、张松辉译注：《孝经　忠经》，中华书局，2022 年。

[57] 刘续兵编注：《〈大学〉〈中庸〉正音释读》，山东教育出版社，2023 年。

[58] 刘增光：《孝经学发展史》，中华书局，2024 年。

[59] 舒大刚、李冬梅、李红梅：《孝经研读》，上海古籍出版社，2024 年。

[60] 肖航译注：《白虎通义》，中华书局，2024 年。